简单随手种的懒人植物

魏思萌◎编著

如意生活馆

U0343254

哈尔滨出版社

H.P.H

HARBIN PUBLISHING HOUSE

图书在版编目（CIP）数据

简单随手种的懒人植物 / 魏思萌编著.—2版.—哈
尔滨：哈尔滨出版社，2016.6
（如意生活馆）
ISBN 978-7-5484-2481-9

Ⅰ.①简…　Ⅱ.①魏…　Ⅲ.①观赏植物–观赏园艺
Ⅳ.①S68

中国版本图书馆CIP数据核字（2016）第037498号

书　　　名：简单随手种的懒人植物

作　　　者：魏思萌　编著
责任编辑：姚春青　赵宏佳
责任审校：李　战
封面设计：施　军

出版发行：哈尔滨出版社（Harbin Publishing House）
社　　　址：哈尔滨市松北区世坤路738号9号楼　　邮编：150028
经　　　销：全国新华书店
印　　　刷：哈尔滨市石桥印务有限公司
网　　　址：www.hrbcbs.com　　　www.mifengniao.com
E-mail：hrbcbs@yeah.net
编辑版权热线：（0451）87900271　87900272
销售热线：（0451）87900202　87900203
邮购热线：4006900345　（0451）87900345　87900256

开　　本：889mm×1194mm　　1/24　　印张：$6\frac{2}{3}$　　字数：150千字
版　　次：2016年6月第2版
印　　次：2016年6月第1次印刷
书　　号：ISBN 978-7-5484-2481-9
定　　价：32.80元

凡购本社图书发现印装错误，请与本社印制部联系调换。
服务热线：（0451）87900278

当我们尽情体验了都市的繁华和文明之后，不知什么时候我们身边流行起了这样的短信："我们那时候，天是蓝的，水是清的，空气是清新的，河里是鱼虾成群的，到处是姹紫嫣红的……"

当我们面对嘈杂的声音、污浊的空气、有毒的气体，植被的减少，污染的水源和充满各种添加剂的食品时，当苏丹红、三聚氰胺在给我们不断普及化学知识的时候，我们正在渐渐远离恬静、健康、天然的生活。

也许，我们暂时无力改变外面的环境，但可以肯定的是我们有能力改变我们身边的环境，只要我们愿意，在属于我们自己的一隅小天地里，清新、健康、天然的生活完

全可以营造出来。当然,最好的办法就是在办公室或家里放一些花花草草了,也许你还不知道,无论是空气净化器的波士顿蕨、粉尘吸附剂的橡皮树,还是植物制氧机的虎尾兰,或是天然化妆品芦荟,都会给你带来意想不到的惊喜,能让你在心情愉悦的同时,为你的健康添加筹码。你还等什么呢,看完本书,赶快去选一些花草吧!拥抱绿色、拥抱健康、拥抱自然,我们从现在开始!

CONTENTS
目录

第一章　好看又好养的观赏植物

第二章　易种又健康的活氧植物

第三章　装点阴暗角落的耐阴植物

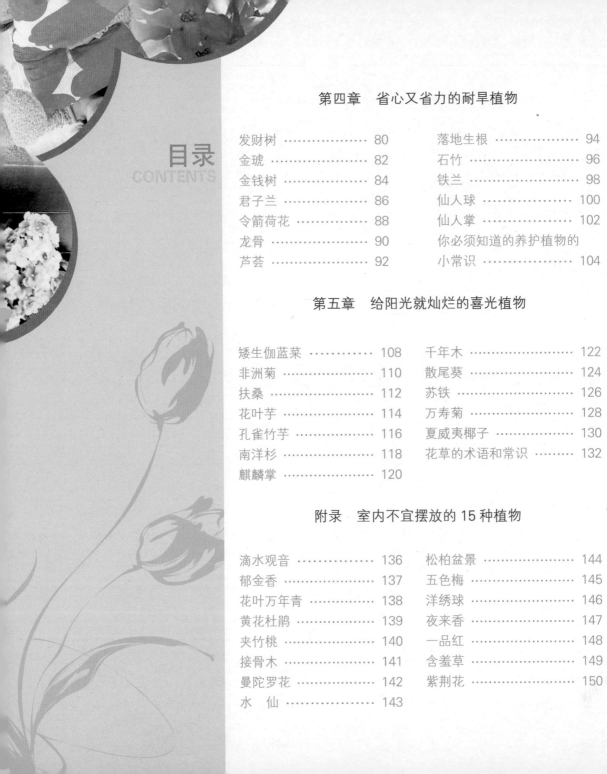

目录
CONTENTS

第一章 好看又好养的 观赏植物

长春花

领养属于你的花

　　长春花的花语是快乐的回忆。喜欢长春花的人是念旧的人,重视友情,尤其是初恋情人,虽然大家已各有所属,但仍未能忘怀,处事认真,投入程度令人赞赏。

植物档案

　　别名四季梅、日日新、日日春;为夹竹桃科长春花属常绿半灌木。

植物特征

　　茎直立,多分枝。叶对生,长椭圆形。花有粉红色、紫红色、白色等多种颜色,花冠高脚蝶状,花朵中心有深色洞眼。长春花的嫩枝顶端每长出一枚叶片,叶腋间就会冒出两朵花,因此它的花朵很多,花朵繁茂,花期极长,生机勃勃。从春到秋开花从不间断,所以有"日日春"之美名。

如何选购健康植株

　　选择株形丰满,叶片舒展、花蕾密集的植株为好。

如何养好你的花

水：长春花忌湿、怕涝，浇水不宜过多，过湿会影响长春花的生长发育。尤其室内越冬时，植株应严格控制浇水，以干燥为好，否则极易受冻。盛夏雨季时，应注意及时排水，以免受涝造成植株死亡。

光：长春花为喜光性植物，喜温暖、阳光充足的生长环境。长春花在生长期要有充足的阳光，叶片苍翠有光泽，花色鲜艳。若长期在荫蔽处，会使叶片发黄落叶。

土：以肥沃和排水性良好的土壤为宜，耐瘠薄土壤，但不要用偏碱性土壤。板结、通气性差的黏质土壤会使植株生长不良，叶子发黄，甚至导致不开花。

温度：长春花生长适温 3 ~ 7 月为 20 ~ 25℃，9 月至翌年 3 月为 15 ~ 18℃。冬季温度应在 10℃以上。

繁殖：长春花常用播种法和扦插法繁殖。

植物密码惊奇发现

1. 长春花是一种防治癌症的良药。现代科学研究表明，长春花中含有 55 种生物碱。其中长春碱和长春新碱对治疗一些恶性肿瘤、淋巴肉瘤及儿童急性白血病等均有一定疗效，是目前国际上应用最多的抗癌植物药源。

2. 长春花含有的长春花碱入药可降低血压。

我家的长春花下端叶子黄了怎么办？

主要是浇水不当、施肥不当、光照不适造成的。长春花需要在光照充足的环境下生长，但不耐湿涝，浇水要求干湿交替，表土见干再浇透即可。由于生长期间开花不断，需要大量的肥料，所以要经常施肥，最好选择三元或多元性的肥料，否则会因缺乏氮素而黄叶。

第一章 好看又好养的观赏植物

凤仙花

4

领养属于你的花

凤仙花是 8 月 10 日出生之人的生日花。它的种子一到成熟时就随风飞舞，它的模样看起来充满了活力，因此，凡是受到这种花祝福而生的人，个性非常活泼好动，好像一个活蹦乱跳的小精灵，无忧无虑的。

植物档案

别名指甲花、染指甲花、小桃红；为凤仙花科凤仙花属一年生草本花卉。

植物特征

茎高 1 米左右，在上部分枝，有茸毛或光滑。叶互生，披针形。花非常美丽，多为粉红色，也有白、红、紫或其他颜色，单瓣或重瓣，生于叶腋内。

如何选购健康植株

购买时千万不要买入因失水下垂的植株。同时还要注意购买后要用报纸或塑料袋包裹植株，以防大风或人为弄折脆嫩的枝叶和质薄的花朵。

如何养好你的花

水：凤仙花怕湿，避免浇水过多，但也不要干旱。

光：凤仙花喜阳光，耐热不耐寒。需光照充足，但在夏季需避免强烈的光照。

土：适合生长于疏松、肥沃、微酸性的土壤中，但也耐瘠薄。

修剪：为了使植株造型丰满，应进行摘心整形。定植后，对植株主茎要进行打顶，增强其分枝能力；基部开花随时摘去，这样会促使各枝顶部陆续开花。

繁殖：凤仙花适应性较强，移植易成活，生长迅速。盆栽时，当小苗长出 3~4 片叶后，即可移栽。先用小口径盆，逐渐换入较大的盆内，最后定植在 20 厘米口径的大盆内，10 天后开始施液肥，以后每隔一周施一次。

植物密码惊奇发现

1. 凤仙花的种子为解毒药，含皂苷、脂肪油、多糖、蛋白质、氨基酸、挥发油。有通经、催产、祛痰、消积块的功效，孕妇忌服。

2. 将花瓣捣碎后加些明矾，可染指甲，是不是很环保呢？

家庭小药方：

凤仙花 5~10 克，捣烂敷于患处。活血通经，祛风止痛，解毒。

在线答疑

凤仙花患了白粉病怎么办？

白粉病在温度高、光照少、通风不畅、空气湿度大时易发生。防治方法：注意通风，加强光照；为提高抗病能力，需增施磷肥。发病后，及时剪除病害部分或全部拔掉销毁。发病初期，可喷洒 70%甲基托布津 800 倍液进行消毒，防止蔓延。

第一章 好看又好养的观赏植物

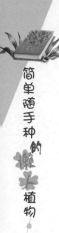

瓜叶菊

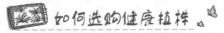

领养属于你的花

瓜叶菊的花语是喜悦、兴奋、快活。喜欢瓜叶菊的人一般崇尚自由、无拘无束及追求速度的感觉,生性乐观、热情,是个享乐主义者。

植物档案

别名富贵菊、瓜叶莲、千日莲、黄瓜花;为菊科千里光属多年生草本植物。

植物特征

株高30~60厘米。叶表面为浓绿色,有时背面带紫红色。花簇生成伞房状,有紫红、桃红、粉、藕荷、紫、蓝、白等色。

品种:品种大致可分为大花型、星型、中间型和多花型四类,不同类型中又有不同重瓣和高度不一的品种。

如何选购健康植株

一般选择花蕾数量与开放花的数量在1:1时效果较好。一盆外观花多于叶的瓜叶菊盆花,盛开时满盆花开灿烂,仅露叶片的尖端才算是符合标准。此外,购买时要拨开茂密的花丛察看,如发现滋生蚜虫,则不要购买。

如何养好你的花

水：对瓜叶菊要控制浇水量，应根据盆土中含水情况及时浇水。如在温度较高的情况下，浇水过多，易徒长，节间伸长，会影响观赏价值，还会导致白粉病的发生，造成叶片枯黄、凋萎。

光：需要良好的光照。

土：盆土要求细软、疏松、肥沃、排水性良好的土壤。

温度：冬季喜温暖，夏季忌酷暑，冬季在 10~13℃室温条件下，放于向阳处，瓜叶菊会花色鲜艳，叶色翠绿可爱。

肥：在生长期，每 10 天施一次稀薄液肥。在施肥时，适当增施磷肥，每次施肥要防止肥水污染叶片。当花蕾出现后应停止施肥。

繁殖：多用播种法繁殖，也有用扦插法或分株法繁殖。

植物密码惊奇发现

瓜叶菊具有净化空气、美化环境的功效，摆放时可用多种颜色合理搭配，是元旦、春节美化环境的主要花卉。

花经答疑

从花市买的瓜叶菊盆栽到家里叶子就萎蔫了，怎么回事？

瓜叶菊怕阳光太强烈，温度高了，叶子和花都会萎蔫。放在温度 10 ~ 18℃ 的地方，白天别照射太强烈的阳光，叶面多喷水（别喷到花上），过几天就没事了。

剑 兰

领养属于你的花

剑兰给人的感觉是坚强、稳重,并且气质高雅。喜欢剑兰的人大多做事大大方方、光明磊落。

植物档案

别名唐菖蒲、菖兰、扁竹莲、十样锦、马兰花;为鸢尾科唐菖蒲属多年生草本植物。

植物特征

株高 70~100 厘米,具环状节。叶剑形,革质,宽 7~8 厘米,长 30~40 厘米,7~8 片呈叠状互抱排列。花莛自叶丛中抽出,穗状花序顶生,开花时多偏于一侧,每穗着花 10~20 朵,由下向上渐次开放,花冠筒状,左右对称。

如何选购健康植株

选择花株高大,花蕾多,花瓣颜色鲜艳的植株。

如何养好你的花

水：球茎栽下后，要一次浇透水，放置在通风向阳处，保持土壤湿润即可。春夏季花穗抽出后，切忌缺水干旱，但也不能浇水过多，使盆中积水成涝。

光：剑兰为长日照植物，以每天16小时光照最为适宜。

温度：喜温暖，并具有一定耐寒性，不耐高温，尤忌闷热，以冬季温暖、夏季凉爽的气候最为适宜。生长适温为白天为 20~25℃，夜间为 10~15℃。

肥：不喜大肥，否则易倒伏。在其生长期以施含氮、钾的肥料为主，抽葶以后改施含磷、钾的肥料，以促进花蕾形成，花谢以后再改施含氮、钾的肥料，以促进球茎生长。

土：适宜在肥沃、排水性良好、富含腐殖质的沙质土壤中生长，pH 值以 5.6~6.5 为宜。

繁殖：剑兰的繁殖以播种法、分球茎法和组织培养法为主。

植物密码惊奇发现

1. 剑兰是环境监测的"哨兵"，它对氟化物污染特别敏感，当氟化物在空气中达到一定浓度时，它的叶片就会表现出伤斑、坏死等现象。科学研究表明，这种对空气污染的"报警"能力远远超过了人类本身的感觉能力。因此，它是一种很好的环保绿化花卉。此外，它的叶子还能吸收二氧化硫。

2. 剑兰球茎是一种中药，有清热解毒、散淤消肿的功效，可治咽喉肿痛、跌打损伤；茎叶可提取维生素 C。

第一章 好看又好养的观赏植物

剑兰在夏季叶子发黄、烂根了怎么办？

夏季是剑兰的休眠期，在它的叶子渐渐发黄的时候，要注意控制浇水，待叶子全枯后，连根挖起，放在干燥阴凉处收藏，待秋凉时换新土种上即可。

金鱼草

 领养属于你的花

金鱼草是 7 月 2 日出生之人的生日花。金鱼草代表坚强,所以这一天出生的您行动和思想都非常理性,凡事讲求原则,更不会自欺欺人,在别人眼中,您是个固执、不通情达理的人。只要您处事圆滑一点儿,对人宽松一点儿,就不易与人产生摩擦,运气也就会好一点儿。

植物档案

又名龙头花、狮子花、龙口花、洋彩雀;为玄参科金鱼草属多年生或二年生草本植物。

植物特征

株高 20~70 厘米。花茎很硬,笔直生长。叶片为长圆状,顶端似针形。花形很奇特,花色浓艳丰富。花色有粉红、紫红、黄、白等,并且终年开花,是盆栽的优良花卉之一。

品种:金鱼草品种齐全,有矮生种、半矮生种和高秆种。

如何选购健康植株

挑选茎高大、粗壮、分枝多、花唇分裂明显的植株。

如何养好你的花

水：金鱼草对水分比较敏感,盆土必须要保持湿润。盆土排水性要好,不能积水,否则会导致根系腐烂,茎叶枯黄凋萎。金鱼草浇水要均匀,不可使盆土过干或过湿。一般来说,隔两天左右喷一次水。幼苗淋水宜用喷壶,喷透为止。

光：喜阳光,也耐半阴。

温度：较耐寒,不耐热。

土：宜用肥沃、疏松和排水性良好的微酸性沙质土壤。

肥：金鱼草喜肥,基肥应在定植前 20 天施入,常用富含氮、磷、钾的肥料。

繁殖：金鱼草主要是播种繁殖。对一些不易结实的优良品种或重瓣品种,常用扦插繁殖。扦插一般在 6~7 月份进行。

植物密码惊奇发现

1. 金鱼草能起到净化空气、保护环境的作用,对氟化氢的抵抗性最强。

2. 金鱼草还有很高的药用价值,全株煎汤内服,可清热解毒。也可研成碎末外用,敷于患处,对治疗跌打损伤、疮疡肿毒有奇效。

在线答疑

金鱼草的种子怎么种啊?

金鱼草的种子细小,播种前在盆土里上基肥后,撒入种子即可,再盖上薄薄的一层土,1~2 毫米即可,7~10 天后即可出土。

第一章 好看又好养的观赏植物

丽格海棠

 领养属于你的花

丽格海棠外形甜美，给人的感觉就是和蔼可亲，所以喜欢丽格海棠的人一般都性格温婉。而性格强势的人栽养一盆丽格海棠，可以提升个人亲和力，缩短与人相处的距离感。

 植物档案

别名丽格秋海棠、玫瑰海棠、丽佳秋海棠、里拉秋海棠；为秋海棠科秋海棠属多年生草本植物。

植物特征

丽格海棠的根为须根系。茎枝肉质、多汁。单叶互生，斜心形，叶缘呈锯齿状或缺刻，掌状脉，表面光滑、腊质，叶色为深绿色。花形多样，多为重瓣，花色有红、橙、黄、白等，色彩娇艳，令人赏心悦目，花期为冬季。

 如何选购健康植株

宜选择叶片舒展、茎叶坚挺的植株。

如何养好你的花

水:盆土应保持湿润、不可过干和过湿。过干会导致植株失水而萎蔫、叶片干枯,严重时会整株枯死。盆土过湿,轻则导致植株生长缓慢、茎干变软;重则会因土壤水分过多,造成土壤严重缺氧,进而影响植株根呼吸而造成死亡。夏季浇水宜选择在早晨或傍晚。冬季要减少浇水量,冬季浇水宜选择在中午,水温应与室温相近,以免水温太低,造成根部受损。

光:忌强光直射,喜散射光。

土:丽格海棠喜欢排水性良好的基质,建议采用80%的泥炭土加20%的珍珠岩。

肥:在养护丽格海棠的过程中,定期施肥尤其重要。幼苗期以氮肥为主,促进其生长发育、枝繁叶茂。随着植株的生长,应减少氮肥用量,逐渐以磷、钾肥为主,开花前应加大施肥量,还可适当进行叶面喷肥,需均匀地喷洒在叶片的正反面上,但叶面肥的浓度不可过大,以促使其多孕育花蕾、多开花。

温度:丽格海棠的生长适温为18~22℃。温度过高或过低都会影响植株的生长发育,导致生长停滞,低于5℃,容易发生冻害。

修剪:当植株高6厘米左右时应摘除顶芽,促进分枝,萌发侧枝,保持株形丰满,长势匀称。同时,还应及时修剪多余的花蕾,以免因花蕾过多而消耗过多的养分,造成其他花朵发育不良的后果。

繁殖:以扦插法繁殖为主。

植物密码惊奇发现

丽格海棠具有净化室内空气的功能,能有效地吸收空气中的有害物质,放置于室内能使人舒心畅怀,有利于身心健康。

丽格海棠掉叶、掉花怎么办?

丽格海棠对温度和阳光要求比较高,不太容易适应环境的改变,最好找个阳光比较多,温度能够稳定在23℃左右的地方摆放,不要随便搬动,适应一段时间就好了。

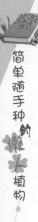

龙吐珠

领养属于你的花

龙吐珠是属龙的人的幸运花。属龙的人大多
具有崇高的理想,胆识过人且气质非凡。但一般
经不起重重考验,要想在事业与爱情上取得成
功需要有坚韧不拔的精神。

植物档案

别名麒麟吐珠、珍珠宝草、珍珠宝莲、白花蛇舌草;为马鞭草科赪桐属多年生常绿藤木。

植物特征

株高2~5米,茎四棱。单叶对生,深绿色,卵形。春夏季开花,花甚美丽,花萼白色较大、花冠上
部深红色,花开时红色的花冠从白色的萼片中伸出,宛如龙吐珠,故得名。

如何选购健康植株

选择株形圆整、分枝整齐、叶茂花多的植株。

如何养好你的花

水：龙吐珠对水分的反应比较敏感。茎叶生长期要保持盆土湿润，但浇水不可过量，水量过大会造成蔓生长而不开花，甚至叶子发黄、凋落，根部腐烂死亡。夏季高温季节应充分浇水，适当地遮阴。冬季要减少浇水，使其休眠，以求安全越冬。

光：龙吐珠冬季需光照充足，夏季天气太热时宜遮阴，否则叶子发黄。光线不足时，会引起蔓生长，不开花。

土：适合肥沃、疏松和排水性良好的沙质土壤。盆栽宜用培养土或泥炭土和粗沙的混合土。

温度：龙吐珠的生长适温为 18 ~ 24℃。

肥：龙吐珠在开花季节，应增施 1 ~ 2 次磷、钾肥，冬季则减少浇水并停止施肥。

繁殖：常用扦插、分株和播种法繁殖。

植物密码惊奇发现

1. 龙吐珠除盆栽观赏外，全株可入药，可以用于治疗跌打损伤，效果显著。

2. 龙吐珠还可以净化空气，使家里的空气如大自然般纯净。

石斑答疑

龙吐珠在冬季叶子枯黄、掉落怎么办？

龙吐珠极不耐寒，冬季室温达不到18℃以上就会掉叶。此时，应停止浇水，使盆土暂时变干，根系不会萎蔫，然后进行强修剪，迫使它休眠。待春暖后进行正常浇水，便可重新萌发出新枝，当年也能正常开花。

第一章 好看又好养的观赏植物

木 槿

领养属于你的花

木槿具有克服障碍、解除困扰的功能。如果你生活上遇到困惑时,不妨将此花带回家,定会给你带来好运。

植物档案

别名篱障花、赤槿、木棉、朝开暮落花;为锦葵科落叶灌木或小乔木。

植物特征

分枝多,株形直立,高可达 3~5米。叶为卵形或菱状卵形,先端较尖,叶背有毛。花为钟状,花大,直径 5~8厘米,有单瓣、重瓣之分,有白、淡紫、紫红等色。花期 6~8 月,朝开暮落,但连续花期长。

品种:变种有白花重瓣木槿、紫红重瓣木槿、琉璃重瓣木槿、斑叶木槿、粉花垂枝木槿及大叶木槿。

如何选购健康植株

选择株形丰满、茎叶挺实、花蕾多的植株。

如何养好你的花

水：喜温暖、湿润的气候,耐干旱,耐湿,生长期保持土壤湿润。虽较耐旱,但仍要给予充足的水分,以利于枝叶茂密多花。

光：宜阳光充足,也稍耐阴。

土：喜肥沃的微酸性或中性土壤,耐瘠薄土壤。

肥：春季萌芽前施肥一次,6~10月为开花期,施磷肥2次。并应在定植时施以基肥,供多年生长开花所需。

修剪：应经常修剪来控制株形和树姿。

繁殖：多用扦插法繁殖。

植物密码惊奇发现

1. 木槿抗烟、抗尘能力较强,家庭养护木槿,可以使空气的质量有所提高,空气污染大大降低,使你的家里充满清新的空气。

2. 木槿不仅可供观赏,其花也可食用,其叶用清水浸泡后可以洗发,洗后头发柔顺光亮。

在线答疑

刚买回来的木槿,没几天叶子就黄了,怎么办?

木槿喜水、喜光、喜肥、喜通风良好的环境。刚买来的木槿换完盆要放在背阴处缓几天,黄叶子是正常现象,等木槿适应环境了就没事儿了。

三角梅

领养属于你的花

在 1958 年、1963 年、1968 年、1973 年、1978 年、1983 年等尾数是 8 和 3 出生的人，在卧室栽种三角梅等开红花或会结果的植物，会好运连连。

植物档案

别名三叶梅、九重葛、毛宝巾；为紫茉莉科叶子花属常绿攀缘灌木。

植物特征

三角梅为常绿攀缘状灌木。枝具刺、拱形下垂。单叶互生，卵形全缘或卵状披针形，被厚茸毛。苞片有红、黄、橙、紫、白等颜色，均很华丽，花多聚生成团，红艳如火，非常美丽。

如何养好你的花

水：三角梅喜温暖、湿润的生长环境，春秋两季应每天浇一次水，夏季可每天早晚各浇一次水，冬季温度较低，植株处于休眠状态，这时应控制浇水，以保持盆土湿润为宜。

光：三角梅喜光照，在生长季节如果光线不足会导致植株长势衰弱，影响孕蕾及开花。冬季应将三角梅摆放于南面窗前，且光照时间应在 8 个小时以上，否则容易出现大量落叶。

土：三角梅对土壤要求不严，在排水良好、含矿物质丰富的黏性土壤中生长良好。开花后可每年翻盆换土一次，时间以早春为宜，换盆时要用剪刀剪去过密和枯老的枝条。

肥：除在盆土中施足基肥外，在三角梅生长季节还应追肥，并伴随着换盆。

温度：生长适温为 20～30℃，温度超过35℃时，应采取适当遮阴、喷水、通风等措施降低温度，长期置于 5℃以下的环境时，三角梅易受冻落叶。

繁殖：多采用扦插、高压和嫁接法繁殖。

植物密码惊奇发现

1. 三角梅是一味中药，叶可药用，捣烂敷于患处，有散淤消肿的功效。

2. 三角梅的茎干千姿百态，或左右旋转、弯曲，或自己缠绕成环；枝蔓较长，柔韧性强，可塑性好，萌发力强，极耐修剪，人们常将其编织后用于花架、绿廊、拱门和墙面等地方的装饰，或修剪成各种形状供人观赏；老株还可制作成树桩盆景。

在线答疑

三角梅为什么只长叶不开花？

有可能是因为光照不足、肥分过多或开花前期水分过大造成的。应尽量增加光照，严格控制肥分，可适当施些磷肥，勿施氮肥，控制浇水即可。

19

第一章 好看又好养的观赏植物

蜀葵

领养属于你的花

蜀葵的花语是梦。喜欢此花的人像个爱做梦的孩子，尤其幻想着自己的爱情就像小说情节般高潮迭起、精彩绝伦。这样的你很容易会把亲密伴侣弄得人仰马翻、筋疲力尽。

植物档案

别名一丈红、熟季花、吴葵、卫足葵、胡葵；为锦葵科二年生草本植物。

植物特征

茎直立，最高可达2.5米。叶互生，圆形或圆卵形。花顶生，雄蕊数较多，单瓣或重瓣，有紫、粉、红、白等色，花期在5~10月。

如何选购健康植株

一般市面上常见的为7寸盆，植物高度为40~50厘米；选购时以植株强健、分枝多、节间紧密而且已经开始开花，能看到花色的为宜。

如何养好你的花

水:蜀葵栽植后应适时浇水。早春老根发芽时,也应及时浇水,但要控制水量,不可过多。

光:喜光,不耐阴。生长期最好能保证通风良好及日照充足。

土:喜欢土层深厚、肥沃、排水性良好的土壤。

肥:开花前施肥1~2次。

繁殖:通常采用播种法繁殖,也可进行分株法和扦插法繁殖。

植物密码惊奇发现

1. 蜀葵对二氧化硫、氯化氢的抵抗性较强,是良好的室内绿化植物。

2. 蜀葵的根、茎、叶、花、种子都是药材,有清热解毒的功效。将鲜花或叶捣烂外敷,能治溃疡、烫伤等症。它的花还是食品的着色剂。

3. 蜀葵的茎秆可做编织纤维材料,它的嫩苗还可做蔬菜食用。

在线答疑

九月份下种的蜀葵只有极少能在第二年开花,为什么?

因为蜀葵为多年生草本花卉,上一年栽种次年开花。九月播种的蜀葵第二年一直是在生长发育期,当发育成熟时已经错过花期,所以只有等到第三个年头见花,但是采用分株、扦插的方法繁殖,当年就可见花,生长极其迅速,适应性也很强。

紫茉莉

领养属于你的花

紫茉莉给人感觉是小心、内向。如果你正在走"烂桃花运",那不妨在居室或阳台里种上一盆紫茉莉,也许会给你带来意想不到的结果。

植物档案

别名草茉莉、胭脂花、夜晚花等;为紫茉莉科紫茉莉属一年生草本花卉。

植物特征

主茎直立,侧枝散生。单叶对生,三角样卵形。花数朵,顶生,花冠为漏斗形,边缘有波纹浅裂,但不分瓣。花色有白、黄、红、粉、紫,五光十色,并有条纹或斑点状复色,有茉莉香味但更觉淡雅,花期7~10月。坚果呈卵圆形,黑色,外形像个小地雷,故又叫"地雷花"。

品种:变种有矮生紫茉莉,株高约30厘米,种子瘦小,其中有一种玫瑰红色的品种,观赏价值很高。还有重瓣品种"楼上楼",是紫茉莉中的名品。

如何选购健康植株

宜选择长势健壮、枝叶茂密、花苞多的植株。

如何养好你的花

水:喜温和、湿润的气候条件,不耐寒,对水的要求不高,管理粗放。

光:不喜强光,宜在阴凉处生长。夏季如果注意遮阴的话,则生长开花良好,酷暑烈日下往往有落叶现象。

土:盆栽可用一般的花卉培养土。

繁殖:通常用种子繁殖,春播繁衍,春秋季可开花结果,往后即可自播开花。如秋末挖出贮藏,第二年春可继续生长。

植物密码惊奇发现

1. 紫茉莉具有抵抗二氧化硫的能力,病虫害较少。

2. 紫茉莉性味平、微寒、甘苦、无毒,根、叶、种子均可入药,但根、茎及种子,均有下泻作用,孕妇忌服。

(1)鲜紫茉莉120克。捣烂,取汁滴入咽喉患处,每日两次,主治扁桃腺炎。

(2)鲜紫茉莉根30~60克。用水煎服,每日两次,主治痢疾。

(3)紫茉莉根一株,去皮洗净,红糖少许。捣烂敷于患处,每日换药一次,主治背疮。

紫茉莉移栽时伤了根怎么办?

植株移栽伤根的情况很多,只要根系保留一半以上,就不必过分担心。移栽后遮阴3～4天,让新根发出来就好了。

第一章 好看又好养的观赏植物

紫薇

领养属于你的花

喜欢紫薇的女孩一般都很美,很有品位。紫色,代表高雅和矛盾,钟情于细小的紫薇说明在内心中她并不是一个自信的女孩,心胸也不开阔。需要一个顺从的男性满足自己的任性,但是又讨厌这种男人的软弱。

植物档案

别名百日红、满堂红、痒痒树;为千屈菜科紫薇属。

植物特征

叶互生或对生,无柄,形状为椭圆形、倒卵形或长椭圆形。花色有红色或粉红色,边缘皱缩,雄蕊多数,外侧6枚,花丝较长,花期在6~9月,花期能延续很长时间。

品种:目前有矮生品种的紫薇,适合家庭栽种。

如何选购健康植株

宜选择株形丰满、枝叶茂密的植株。

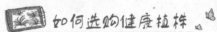

如何养好你的花

水：紫薇耐旱怕涝，春冬两季应保持盆土湿润，夏秋季节每天早晚要浇一次水，干旱高温时每天可适当增加浇水次数。

光：喜阳光，生长季节必须放在室外阳光处，保持通风。

土：紫薇每隔 2~3 年更换一次盆土，喜欢排水性好的沙质土壤。

修剪：由于紫薇在当年生枝条的顶端开花，为确保开花质量，应在冬季修剪。一般每个枝条只留 3~5 厘米，开花后应及时剪除花序。

繁殖：盆栽最简单的方法是分株，春季时在紫薇树下连根拔起新生的小苗，上盆埋深些，注意保持盆土湿润，很容易成活，第二年就能开花。

植物密码惊奇发现

1. 紫薇能杀菌，5 分钟内就可以杀死白喉菌和痢疾菌等原生菌。

2. 紫薇对二氧化硫、氟化氢及氯气的抵抗性很强，能吸收这些有害气体。紫薇还能吸滞粉尘，有效净化室内空气质量。

3. 紫薇散发出的香味能够刺激人们的呼吸中枢，促进人体的呼吸功能，使大脑得到充分的氧气，调节人的神经系统，使人的精力、思维和机体活力达到极高水平。

紫薇如何修剪？

紫薇在冬季应将细弱枝、过密枝剪去，同时把其他的当年生枝条留 3~5 厘米。在新梢长至 10 厘米时进行一次摘梢，只留基部 2~3 个芽，当分枝长出 6~7 片叶时再进行一次摘梢，可控制树形，促使分枝多开花。虽然花的花序会变小，长出的叶片也会变小，但可提高观赏价值。

第一章 好看又好养的观赏植物

室内植物摆放的讲究

居家摆放

卧室　卧室不宜摆放过多的植物,可适当选择金橘、桂花、袖珍石榴等中小型植物;富贵竹可以帮助不经常开窗通风的房间改善空气质量,具有消毒功能,可以有效地吸收废气。过于浓艳的花卉,使人难以入眠,所以不宜摆放在卧室里。

客厅　数量不宜多,注意大、中、小的搭配,摆放时应尽量靠边。大客厅可以摆放挺拔、舒展、造型生动的植株,如散尾葵、发财树、大株龟背竹、巴西木等;小客厅可选用小型植物或蔓类植物,如常春藤、鸭跖草等。茶几上可放置一些小型鲜艳的盆花或植物盆景。

书房　书房应营造一种优雅宁静的气氛,以观叶植物或颜色较浅的盆花为宜,如绿萝、棕竹、文竹或悬吊植物等。

厨房　厨房里的温度、湿度变化较大,应选择一些适应性强的小型盆花,如小杜鹃、小型龙血树、仙人掌、蕨类植物以及小型吊盆植物。窗台处可摆放蝴蝶花、龙舌兰等小型花卉,增添生气。特别需要注意的是,厨房不宜选用花粉太多的花。

卫生间　不宜多放,可以摆放绿萝、蕨类等耐潮湿植物和吸收氨气的白鹤芋等植物。因为卫生间有大量的水蒸气,不适合植物生长,所以应该注意每隔两三天要把植物拿出来"透透气"。

阳台　光照充足,适合喜阳光、分枝多、花朵繁、花期长的花卉和常绿植物,比如天竺葵、四季菊、巴西铁等。阳台两侧还可搭架种植几株牵牛花、常春藤、葡萄等攀藤植物,以便在炎炎夏日降低室内的温度,减少太阳光辐射。

办公室摆放

办公室　尽量摆放一些能净化空气的植物。另外,一些办公用品比如电脑、打印机、传真机等会产生辐射,释放有害气体,所以应该养一些防辐射的植物。推荐:金琥、仙人掌、仙人球、绿萝、吊兰、荷兰铁、散尾葵、鱼尾葵、棕竹、发财树等。

办公大厅　可以选择高大的植物摆在大厅,不宜多,摆放要有规则。另外,大厅多数是暗厅,光线弱,通风差,所以应该摆放一些耐阴的植物,如富贵竹、发财树等,这些植物能适应大厅的环境,又有吉祥、好运的寓意,一举两得。

第二章　易种又健康的活氧植物

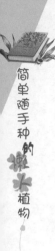

白鹤芋

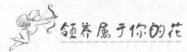

领养属于你的花

白鹤芋是双子座的幸运花。双子座的你开朗,机灵活泼,口才好,人缘极佳,通常是多才多艺的,但比较敏感,略带神经质,是典型的双重性格。白鹤芋可带给你像风一样的爽朗个性。

植物档案

别名白掌、苞叶芋;为天南星科苞叶芋属多年生常绿草本观叶植物。

植物特征

白鹤芋无茎或茎极短,多为丛生状。叶为长圆形或近披针形,有长尖,基部为圆形。花为佛焰苞,呈叶状,酷似手掌,故又名"白掌"。

品种:白鹤芋品种很多,主要有绿巨人、香水白鹤芋、神灯白鹤芋、大叶白鹤芋。

如何选购健康植株

宜选择枝丫没有损伤、叶片坚挺,且颜色翠绿的植株。

如何养好你的花

水:白鹤芋叶片较大,对湿度比较敏感。夏季高温和秋季干燥时,要多喷水,保证空气湿度在 50%以上,这样有利于叶片生长。高温干燥时,叶片容易卷曲,叶片变小、枯萎脱落,花期缩短。秋末及冬季应减少浇水量,保持盆土微湿即可。

光:白鹤芋对光的强弱很敏感。它要求半阴条件,怕强光暴晒,生长期必须遮阴 60%~70%。如果光线太强,叶片容易灼伤、枯焦,叶色暗淡,失去光泽;但如果长期光线太暗,植株生长不健壮,且不易开花。

土:以肥沃、富含腐殖质丰富的土壤为好。

繁殖:常用分株、播种法繁殖。

植物密码惊奇发现

1. 白鹤芋对吸收氨气具有特殊功能,所以它极适合放在卫生间中,可以有效净化卫生间的空气。

2. 白鹤芋也可以过滤空气中的苯、三氯乙烯和甲醛。它的高蒸发速度可以防止鼻黏膜干燥,使人患病的可能性大大降低。

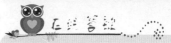
在线答疑

被阳光晒枯萎的白鹤芋还能不能"起死回生"?

能。只需将白鹤芋放到阴凉的地方,并浇透水,第二天枯黄的叶子就可以变绿了。

第二章 易种又健康的活氧植物

薄 荷

领养属于你的花

薄荷代表美德，所以喜欢薄荷的你具有良好的品德，谦虚有礼，既懂得迁就别人，亦有自己的性格。你很注重别人对你的评价，旁人的意见是你积极完善自己的根源。感情上你处理得当，患难与共是你对爱情的心得，但要学会自我保护。

植物档案

别名人丹草；为唇形科薄荷属多年生草本植物。

植物特征

茎高 10~80 厘米，全株有香气。根茎匍匐，茎直立，有分枝。叶对生，披针形、卵形或长圆形。伞状花，腋生，花冠青紫色、淡红色或白色，花期在 8~10 月。

如何选购健康植株

宜选择株形圆整、叶片鲜嫩、颜色翠绿的植株。

如何养好你的花

水：平时保持盆土偏湿。

光：全日照，半遮阴或部分遮阴的环境皆可。不喜欢阳光直射，即使日照不足也照样能长满一整盆。

土：喜欢湿润、肥沃的碱性土壤。

肥：施肥以氮肥为主，磷、钾肥为辅，薄肥勤施。

繁殖：家庭盆栽薄荷繁殖极简便。可在3~4月间挖取粗壮、白色的根状茎，剪成长8厘米左右的根段埋入盆土中，经20天左右就能长出新株。也可在5~6月剪取嫩茎头遮阴扦插。

植物密码惊奇发现

1. 有刺激神经的作用，薄荷内含有挥发油，可以兴奋中枢神经系统，使皮肤毛细血管扩张，促进汗腺分泌，增加散热，从而起到发汗解热作用，所以薄荷可以提神醒脑、缓解压力，是消除疲劳的提神剂。

2. 薄荷也有杀菌作用，可以对抗大肠杆菌及金黄色葡萄球菌。

3. 薄荷还能促进消化，消炎杀菌，预防口臭。用薄荷叶5片，冰糖15克，热水300毫升浸泡4分钟即可饮用。此水能改善偏头痛、胃部不适或喉咙不舒服。也可加入玫瑰、薰衣草等其他香草一并饮用。

4. 夏天若被蚊虫叮咬，采一片薄荷叶，在被咬的地方擦一下，有止痒的作用。

新买的薄荷放在家里越来越干枯了，怎么办？

一是浇水要注意，盆土要遵循"不干不要浇水，干则浇透水"的原则。

二是放在有阳光照射的地方，夏季要避免在烈日下暴晒。

31

第二章 易种又健康的活氧植物

吊 兰

领养属于你的花

吊兰可赋予持有者丰富和敏锐的艺术感受力。喜欢吊兰的人大多温柔浪漫,正如吊兰一样无形中散发着轻盈脱俗、楚楚动人的魅力。

植物档案

别名挂兰、钓兰;为百合科吊兰属多年生常绿草本植物。

植物特征

吊兰的叶片呈线状披针形,宽度为 1~1.5 厘米,呈匍匐枝,垂伸向下生长,枝杈的顶端及节部会长出许多带气根的小株,像一个个倒放的绿色小伞,很漂亮。花朵为白色小花,清新淡雅,花期是 3~6 月。

品种:常见的有金边、金心、银边、银心吊兰等。

如何选购健康植株

宜选择叶片葱绿,没有枯叶的植株。

如何养好你的花

吊兰是极易栽养的植物品种之一。它生性强韧,适应能力强,只要稍加呵护,就会生长得很繁茂。

水:喜欢温暖、湿润的半阴环境,平时只要注意保持盆土湿润就可以了。

土:适合肥沃的沙质土壤。

光:吊兰不耐严寒、酷暑,所以不要让它受冻或是放在阳光下暴晒。

繁殖:吊兰繁殖可用分株法,或直接剪取匍匐枝上的幼株,栽入湿润的土壤中即可,成活率极高。

植物密码惊奇发现

1. 吊兰有"绿色净化器"的美称,它能吸收空气中85%的甲醛。在8~10平方米的房间内放一盆吊兰就相当于设置了一台空气净化器,可以在24小时内,去除房间里80%的有害物质。

2. 吊兰还能吸收空气中95%的一氧化碳,能将火炉、电器、塑料制品散发的一氧化碳、过氧化氮吸收殆尽。

3. 此外,吊兰还可以吸收空气中的苯乙烯、二氧化碳等致癌物质,有效分解苯,吸收香烟烟雾中的尼古丁等比较稳定的有害物质。

在线答疑

吊兰的叶尖为何干枯、发黄?

在阳光直射、空气又干燥的情况下,最容易引起吊兰叶尖枯焦。所以吊兰应放置于较阴凉、通风处,并经常向叶面喷水,以增加环境湿度。吊兰较喜肥,肥水不足,植株也易发生叶片黄绿、枯尖现象。

第二章 易种又健康的活氧植物

鹅掌柴

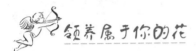 领养属于你的花

鹅掌柴是世界上最流行的室内绿饰主角，寓意吉祥如意，聚财发福，被称为"吉利之物"，在视觉上给人自然、和谐之美。

植物档案

别名手树，鸭脚木；为五加科鹅掌柴属常绿乔木或灌木。

植物特征

鹅掌柴分枝很多，枝条紧密、紧凑。生有掌状复叶，小叶 5~9 枚，椭圆形或卵状椭圆形，顶端有长尖，叶革质，浓绿色，有光泽。花很小，多数为白色，有香味，花期在冬春季节。

品种：有矮生鹅掌柴，株形较小而紧密；黄斑鹅掌柴，叶片为黄绿色；亨利鹅掌柴，叶片大而杂有黄色斑块；花叶鹅掌柴，叶片上有较多黄色斑块。

如何选购健康植株

宜选择株形丰满、枝叶扶疏、叶色碧绿的植株。

如何养好你的花

水：鹅掌柴喜湿怕干。在空气湿度大、水分充足的环境中，生长很茂盛。但不能积水，否则会引起烂根。

光：在全日照、半日照或半阴环境下均能生长。但光照的强弱与叶色有一定关系，光照强时叶色偏浅，半阴时叶色浓绿，在明亮的光照下鹅掌柴色彩更加鲜艳。

修剪：鹅掌柴生长较慢，但容易萌发枝条，需经常整形修剪，如果不及时修剪，会长得很高。长得过于庞大时，可结合换盆进行修剪，去掉大部分枝条，同时把根部切去一部分，重新栽培。

繁殖：一般使用扦插法繁殖。

植物密码惊奇发现

1. 鹅掌柴能给有吸烟者的家庭带来新鲜的空气，它漂亮的鹅掌形叶片可以从烟雾弥漫的空气中吸收尼古丁和其他有害物质，并通过光合作用将之转换为无害的植物自有物质。

2. 鹅掌柴还能吸收甲醛，它每小时能把甲醛浓度降低大约 9 毫克，喜欢养花种草的你千万别忘记把它带回家。

3. 鹅掌柴是很有价值的中药，根皮可治疗感冒发热、咽喉肿痛、风湿骨痛、跌打损伤；叶可治疗过敏性皮炎、湿疹。

鹅掌柴叶片变黄、脱落怎么办？

偶尔有老叶脱落是正常现象，如果是大量落叶的话，主要是长期缺乏光照、缺乏通风、浇水太勤导致的。可将其放于有散射光照且有较好的通风条件，在盆土表面干燥时浇一次透水，再在表土见干时浇一次肥水，以氮肥为主，在以后的时间内，保持环境温度在 32℃ 左右，以肥水代替清水管理，即可恢复正常的株形。

第二章　易种又健康的活氧植物

虎尾兰

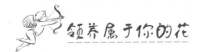

领养属于你的花

　　虎尾兰是 6 月 20 日出生之人的生日花。这一天出生之人的缺点就是意志不够坚定，容易受到诱惑，需要磨练才能成大器。其喜欢追求完美无瑕的恋爱，对对方的要求很高，坦白地说是很难伺候的情人。

植物档案

　　别名虎皮兰、千岁兰、虎尾掌、锦兰；为百合科虎尾兰属多年生常绿草本植物。

植物特征

　　虎尾兰主要为观叶植物，叶片簇生，下部是筒形，中上部扁平，叶片直立生长，颜色为暗绿色，两面有浅绿色和深绿色相间的横向斑纹，呵护得好的话，整盆虎尾兰犹如一丛绿剑，煞是威武。虎尾兰的花为白色或淡绿色，有甜美淡雅的香味，花期在11~12 月。

　　品种：常见的有金边虎尾兰、短穗虎尾兰、葱叶虎尾兰。

如何选购健康植株

　　宜选择叶片完整，颜色葱绿的植株。

如何养好你的花

水：春、夏、秋季生长旺盛时，要充分浇水。冬季要控制浇水，保持土壤干燥，切忌积水，否则会造成叶片腐烂。

光：虎尾兰适应能力很强，既喜欢阳光，又耐阴，但如果长时间缺乏日照的话，叶子会变得暗淡，所以要注意调节它的受光度。

繁殖：建议使用分株法，一般在春季换盆时进行。方法是将长得过密的叶丛切割成若干丛，每丛除带叶片外，还要有一段根状茎和吸芽，然后分别栽种即可。不建议用扦插法，因为此法用于金黄色镶边或者银脉的品种时，会使叶片上的黄、白色斑纹消失，发生变种。

植物密码惊奇发现

1. 虎尾兰堪称是居室的"治污能手"，一盆虎尾兰可吸收 10 平方米左右房间内 80% 以上的有害气体，两盆虎尾兰可使一般居室内空气完全净化。

2. 可以有效地吸收甲醛，在 15 平方米的房间内，放置两盆中型虎尾兰，就能有效地吸收房间里释放的甲醛气体。

3. 虎尾兰白天还可以释放大量的氧气，使空气更清新。

盆栽虎尾兰怎样越冬？

放置于室内阳光充足处，减少浇水次数，浇花用水放置一段时间后，待水温与气温相同时再浇，冬季盆土宁可偏干也不宜过湿。

第二章 易种又健康的活氧植物

米 兰

领养属于你的花

米兰是2月21日出生之人的生日花。它那么朴素、淡雅,却使人感觉到兰花的清雅、水仙的素雅、剑兰的高雅。喜欢米兰的人,低调、不张扬,只是默默奉献、努力进取。

植物档案

米兰是大叶米兰的小叶变种,又名树兰、米仔兰;为楝科米兰属常绿灌木或小乔木。

植物特征

盆栽呈灌木状,高不过1米。分枝多而密,树冠整齐,小枝顶部常有细小、褐色星状鳞片,成熟时随即脱落。奇数羽状复叶,互生,每片复叶有3~7枚倒卵圆形的小叶,叶面深绿色,有光泽。花很小似粟米,金黄色,新梢开花时清香四溢,气味似兰花。花期很长,以夏秋两季开花最盛。

如何选购健康植株

宜选购株形圆整,叶色油绿,花苞多的植株。

如何养好你的花

水：待幼苗长出新叶后，浇水量必须控制，不宜过湿。

光：米兰虽具有较强的耐阴性，但不耐长期遮蔽，除盛夏中午应遮蔽以外，应多见阳光，这样米兰不仅开花次数多，而且香味浓郁。

土：以疏松、肥沃的微酸性土壤为最好。

肥：喜肥，但施肥要适当。由于米兰一年内开花次数较多，所以每开过一次花之后，都应及时追肥 2～3 次充分腐熟的稀薄液肥，这样才能开花不绝，香气浓郁。生长旺盛期，每周应喷施一次 0.2% 硫酸亚铁液，这样才能叶绿花繁。

温度：生长适温为 20～25℃。

繁殖：常用压条和扦插的方法繁殖。

植物密码惊奇发现

米兰能吸收空气中的二氧化硫、二氧化碳，有净化空气的作用。

家养米兰为什么总掉叶子?

米兰虽具有较强的耐阴性，但不耐长时间荫蔽，尤其是盆栽米兰开花时，不能长期放置于室内。在开花时，可于下午 4 时后移至室外，上午 9 时前移入室内，使其接受阳光，为抽生新枝和新花穗积累营养。冬季移到室内时，也应使其尽可能多地接受光照。

第二章　易种又健康的活氧植物

茉莉

领养属于你的花

茉莉象征着爱情和友谊。属马的朋友,看到周围的人都成双成对的时候,你是否还孤身一人? 那就开始行动吧,选择一个红色的花瓶,插入九枝茉莉,摆放在家中的正东方或正西方,让你的桃花运旺起来。

植物档案

别名抹厉;为木樨科茉莉属常绿小灌木或攀缘灌木。

植物特征

枝条细长,略呈藤本状,高可达 1 米。单叶对生,叶片光亮,宽卵形或椭圆形。伞形花序,顶生或腋生,有花 3~9 朵(通常 3 朵花,有时多),花冠白色,极芳香,花期在 6~10 月。

如何选购健康植株

宜选择叶片油绿、有光泽,叶脉清晰,花苞多,花香浓郁的植株。

如何养好你的花

水：畏旱，不耐湿涝。盆栽茉莉，盛夏时每天要早晚浇水，如空气干燥，要经常喷水；冬季为休眠期，要控制浇水量，如盆土过湿，会引起烂根或落叶。

光：性喜温暖、湿润，在通风良好的半阴环境中生长最好。

土：以含有大量腐殖质的微酸性沙质土壤为宜。

肥：茉莉喜肥，因为花期长，需肥较多。生长期间需每周施稀薄饼肥一次。浇肥不宜过浓，否则易引起烂根。浇前用小铲子将盆土略松后再浇，不要在盆土过干或过湿时浇肥，在似干非干时施肥效果最好。

修剪：春季换盆后，要经常摘心整形。花期后要重剪，有利于萌发新枝，使植株整齐健壮，开花旺盛。

繁殖：多用扦插法，也可用压条或分株法。

植物密码惊奇发现

1. 茉莉花的香味可以分泌一种植物杀菌素，在 5 秒钟之内可有效地杀死白喉、痢疾、肺结核等病菌，起到防病的作用。尤其在夏季，摆一盆茉莉花在居室里，能保护人们不受病菌的侵害。

2. 茉莉被喻为"花中之王"，以其清丽馨香，简约而不失典雅，深为人们喜爱。茉莉四季常青，夏秋季节开花不绝，其色如玉，香气袭人。茉莉花在古代亦称"美容花"，具有很高的美颜功效。当茉莉开花时，摘取含苞待放的花蕾浸入冷水中，密封静放一天后，兑入少许纯酒精备用。每天早晚洗脸后用它轻轻拍在脸上，即可达到美容的效果，具有紧致肌肤、排毒、舒缓的功效。

茉莉只长叶不开花怎么办？

有以下几个原因：1.长期将植株放置在荫蔽处。2.施用氮肥过多，影响花蕾形成。3.枝叶过密，造成营养消耗过多，抑制了花芽的形成。解决办法：将茉莉放置在阳光直射的室外，在孕蕾前期控制施用氮肥，适当施用磷肥，如骨渣、淘米水等沤肥，适当控水，经常整株修剪，使茉莉枝叶疏密有致，以促进花芽的分化。

第二章 易种又健康的活氧植物

石　榴

领养属于你的花

石榴是 12 月 28 日出生之人的生日花。石榴象征着成熟的美丽,这一天出生的人过着朴实无华的生活,给人一种老旧、过时的感觉,但不要紧,这只是平庸之人的一般见识。懂得追求真、善、美的人,才是真正懂得生活的人,别被闲言闲语影响你的人生目标。

植物档案

别名安石榴;为石榴科落叶灌木或小乔木。

植物特征

高 2~7 米,小枝圆形,略带角状,顶端为刺状,光滑无毛。叶对生或簇生,倒卵形或长圆形,也有椭圆状披针形的。花萼呈钟形,花通常为红色,也有白、黄或深红色的,花瓣皱缩。

品种:石榴因单瓣、重瓣的不同有几个变种。如白花石榴、黄花石榴、复瓣白花石榴、重瓣红花石榴等。

如何选购健康植株

宜选择树冠均匀,分枝多,叶色碧绿,花苞多的植株。

如何养好你的花

水：石榴较耐干旱，怕水涝，生长季节需水量增多。盆栽时宜浅栽，要控制浇水量，宜干不宜湿。

光：喜光，有一定的耐寒能力。

土：喜湿润、肥沃的石灰质土壤。

肥：生长过程中，每月施肥一次即可。

修剪：需勤除根蘖苗和剪除死枝、病枝、密枝、徒长枝，以利通风透光，生长期需摘心，以控制营养枝的生长，促进花芽形成。

繁殖：用扦插、分株和压条法繁殖。

植物密码惊奇发现

1. 石榴对净化空气有很好的效果。能有效抵抗空气中的二氧化硫和氯气，1千克石榴叶可净化6克的二氧化硫。

2. 最新的资料表明，石榴还对臭氧、氟化氢有较强的净化能力。

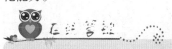

在花市买的石榴拿回家没几天，叶子就蔫了，还掉叶、黄叶，怎么办？

石榴刚买回来时，有个恢复期，你可以对其进行换土，改良土质，施一点儿有机肥，之后再进行日常养护就可以了。因为盆栽花卉受生长限制，苗木一般情况下是直接移栽上盆，养分有限。有些花市里卖的花为了美观，通常会垫一些泡沫之类的东西，直接或间接影响苗木生长。

第二章 易种又健康的活氧植物

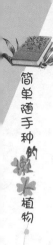

橡皮树

领养属于你的花

橡皮树是属狗之人在兔年的吉祥植物,在阳台上放一盆大的橡皮树可谓大吉大利。属狗之人在兔年吉星高照,但不要偏激,要大忌桃花。如果属狗之人在兔年桃花能忌,事业各方面会非常好。

植物档案

别名印度榕、印度橡胶;为桑科榕树属常绿乔木观叶植物。

植物特征

橡皮树树形高大粗壮,属于大型室内植物。叶片较大,很厚,有光泽,圆形或长椭圆形,叶面为暗绿色,叶背为淡绿色,新叶刚萌发时内卷。

品种:常见的有金边橡皮树,叶缘为金黄色;花叶橡皮树,叶片生有许多不规则的黄白色斑块。

如何选购健康植株

宜选择株形丰满,叶柄粗壮,叶色浓绿的植株。

如何养好你的花

水：橡皮树喜欢高温、潮湿的环境,盛夏时要注意保湿,每天浇一次水,冬季减少浇水次数,5天左右浇一次,盆土稍微干一点儿为好,这样可以安全越冬。

光：每周放在充足的阳光下晒一两天,同时注意通风。

土：1份腐叶土、1份园土和1份河沙混合,并加少量基肥。

肥：生长期每半月施一次低浓度液肥,最好在盆土偏干时进行,这样有利于吸收。

修剪：当植株长到1米高时,需进行截顶(摘心),促进分枝萌发,侧枝长成后,每年都要对侧枝修剪一次,2~3年后即可获得拥有完美外形的橡皮树了。

繁殖：一般用扦插法和高压枝条法繁殖。

植物密码惊奇发现

1. 橡皮树能清除可吸入颗粒物的污染,对室内粉尘能起到有效的吸附作用。

2. 橡皮树还能吸收空气中的一氧化碳、二氧化碳、氟化氢、甲醛等有害气体,使空气清新自然。

3. 橡皮树最适合放在居室或办公室的窗边,可以阻挡室外有害粉尘的侵袭,净化空气。

橡皮树叶子起斑点、落叶、黄叶怎么办？

发生这种情况极有可能是水浇多了,栽养橡皮树要注意以下几点：

一、夏季要放于室内,防止阳光直射;冬季要保暖。

二、春秋季要全日晒足阳光。

三、夏冬季严控浇水,春秋季视盆土情况,干透浇透。

四、春秋季每半个月施一次氮肥。

第二章　易种又健康的活氧植物

杏叶藤

领养属于你的花

杏叶藤象征着幸福。由于杏叶藤叶片大，长期摆放居室内能吸收室内 80% 以上的有害气体，同时增加空气里的负离子，对慢性病也能起间接治疗作用。有病人的家庭不妨养一盆杏叶藤，说不定它会给你带来惊喜呢！

植物档案

别名琴叶喜林芋、琴叶蔓绿绒、圆叶蔓绿绒、琴叶树藤；为天南星科喜林芋属草本植物。

植物特征

杏叶藤的茎长达 20 余米，上具气生根，且气生根发达，可攀附于其他物体上生长。叶革质，心形，深绿色，是一种优雅的观叶植物。

如何选购健康植株

宜选择枝茎粗壮，叶片浓绿、光滑，纹路清晰的植株。

如何养好你的花

水：喜潮湿的土壤和较高的空气湿度。春、夏、秋三季应保持土壤的湿润，并经常向叶面喷雾洒水，以增加空气湿度。冬季气温较低时应使土壤保持湿润，浇水过多易烂根，中午有光照时适当喷雾。当气温保持在15℃以上时，应浇水保持土壤湿润。盆土干燥时浇水不宜一次浇透，否则会造成根系缺水，引起叶片黄化，甚至整株枯死。

光：喜半阴环境，忌阳光暴晒。但若长期不见光照易引起茎节徒长，影响观赏效果。冬季放于窗台前养护，春秋季放于室内其他地方即可，夏季避免阳光直射。

土：使用排水性良好的腐叶土、微酸性土为宜。

温度：生长适温为25~30℃，室内最低温度应保持在15℃以上。

肥：夏季是杏叶藤的生长旺季，应注意施肥，生长期每个月浇一次稀薄肥料，肥料以氮肥为主，可向叶面喷施。

繁殖：常用扦插、播种、分株和组培法繁殖。

植物密码惊奇发现

杏叶藤能释放氧气，吸收二氧化碳，是生物中的"高效空气净化器"，由于它能同时净化空气中的苯，因此，非常适合摆放在新装修好的居室中。

杏叶藤叶子发黄，底部的叶子快掉光了，怎么办？

多半是水浇多了，不能频繁浇水，一般杏叶藤要5~6天浇水一次。还有就是光线不足，虽然它喜阴但要确保有充足的散射光。建议：将安置于通风和具备充足的散光环境下，在盆土表面发白的面积不超过50%时不浇水，平时可用喷水壶向叶面喷雾，增加相对湿度。

第二章 易种又健康的活氧植物

银皇后

领养属于你的花

只因孤傲而被人喜欢，被人叫成不艳不俗的"银皇后"。喜欢此花的人，性格低调、内敛、独立、傲气，让人着迷。

植物档案

别名银后万年青、银后粗肋草、银后亮丝草；为天南星科多年生草本植物。

植物特征

株高 30~40 厘米，茎直立不分枝，节间明显。叶互生，叶柄长，基部扩大成鞘状，叶狭长，浅绿色，叶面有灰绿条斑，面积较大。

如何选购健康植株

宜选购株形优美、叶片宽厚并具有光泽的植株。

如何养好你的花

水：宜用温水浇灌，生长期需充足水分，盛夏每天早晚向叶面喷水，并放于半阴处。冬季茎叶生长减慢，应控制水分，使盆土稍干燥。

光：银皇后喜半阴环境，其生长要求散射光，不能用直射光暴晒。

温度：喜恒温环境，生长适温为 20~27℃，3~9 月为 21~27℃，9 月至翌年 3 月为 16~21℃，冬季温度不低于 12℃。

土：以肥沃的腐叶土和河沙各半的混合土为宜。

繁殖：常用分株法和扦插法繁殖。

植物密码惊奇发现

1. 银皇后能吸收一定量的甲醛、尼古丁、二氧化硫等有害气体。

2. 银皇后以它独特的空气净化能力著称。空气中污染物的浓度越高，它发挥其净化能力越完全，因此，它非常适合放置在通风条件不佳的阴暗房间。

银皇后经阳光直射后叶子变黄了怎么办？

植物大多怕阳光直射，可以把它搬到较阴暗或有散射光处，供给其充足的水分，往叶面上施一些氮肥或者含氮量较高的氨基酸叶面肥。这样不太严重的黄化叶就能较快恢复绿色。

第二章　易种又健康的活氧植物

棕 竹

领养属于你的花

棕竹象征着朴实、耐心、安静。其干茎较细，而树叶窄长，种在阳台上可保住宅平安。

植物档案

别名棕榈竹、矮棕竹；为棕榈科棕竹属常绿丛生灌木植物。

植物特征

茎为手指形，有节，不分枝。叶片呈掌状，叶柄扁平细长，条状或披针形，青绿如竹，很有观赏价值。花为肉穗花，淡黄色，花期在 4~5 月。

如何选购健康植株

宜选择茎叶紧密、叶片浓绿、光滑、有光泽的植株。

如何养好你的花

棕竹是比较好养的植物，只要稍加呵护，就能生长茂盛。

水：喜欢温暖、潮湿的环境，注意保持盆土湿润即可。空气干燥时，要经常喷水保持一定的湿度，同时要用软布擦拭叶面，保持清洁。

光：夏季要遮阴，但也要保持60%的透光率，注意通风。

土：适宜用腐叶土、泥炭土加珍珠岩或风化岩石颗粒作为介质。

肥：生长期每月施肥1~2次，以氮肥为主。

温度：较耐寒，0℃低温对它生长影响不大，室内盆栽可安全越冬。

繁殖：建议采用分株法，分出的株丛不少于10株，否则生长较慢，栽入盆中时，要放在半阴处，浇水不要太多，萌发新枝后进行正常养护。

植物密码惊奇发现

1. 棕竹同龟背竹一样，有很强的吸收二氧化碳并制造氧气的功能，会提升空气的质量，净化室内空气。

2. 棕竹还能消除重金属污染，并对二氧化硫污染有一定的抵抗作用。

在线答疑

为什么棕竹叶尖枯萎、发黄？

是缺水造成的。棕竹喜高温、湿润的环境，盆土要保持湿润、不积水，并经常进行叶面喷水。如果叶片黄得厉害，可以剪掉，能够很快地长出新叶。建议将棕竹移到光线较好的位置，并注意浇水量。

第二章 易种又健康的活氧植物

推荐几个室内科学摆放的"植物组合"

1. 绿仙组合

绿宝石＋仙人掌： 办公室通常是空间大、密封性好,有阳光照射但通风不畅,因而适合摆放大型、耐阴、好养护的植物,可摆放绿仙组合。其中,绿是指绿宝石,它极耐阴,通过它那微张的叶子每小时可吸收 4~6 微克的有害物质,并将之转化为对人体无害的物质,这种生物中的"高效空气净化器"由于能同时净化空气中的苯、三氯乙烯和甲醛,很适合办公室这种密闭的空间;仙是指仙人掌类植物,它肉茎厚,含水分多,易于吸收和化解周围环境中的电磁辐射、毒素和灰尘,减少室内污染。

2. 常吊组合

常春藤＋吊兰： 客厅是我们主要的活动场所,适合摆放常吊组合。其中,常是指常春藤,它能有效抵制烟草中尼古丁中的致癌物质; 吊是指吊兰,它被称为 "绿色净化器",能在新陈代谢中将甲醛转化为糖或氨基酸等物质,净化室内环境。

3. 芦虎组合

芦荟＋虎尾兰： 卧室应该是我们最关注空气质量的地方,适合摆放芦虎组合。其中的芦荟和虎尾兰都是可以在夜间吸收二氧化碳、释放出氧气的植物,非常适合在卧室摆放。但卧室内不宜摆放过多的植物,所以芦荟和虎尾兰任选其一即可。

4. 绿白组合

绿萝＋白鹤芋： 厨房和卫生间也是我们不能忽视的地方,适合摆放绿白组合。其中的绿是指绿萝,在室内向阳处可四季摆放,在光线较暗的室内,应每半个月移至光线强的环境中恢复一段时间。厨房中常会被清洁剂和油烟所包围,绿萝可以清除 70% 的有害气体,被称为"异味吸收器"。卫生间常常温暖潮湿,这正符合了白鹤芋的习性。它是抑制废气如氨气和丙酮的"专家",同时可以过滤空气中的苯、三氯乙烯和甲醛,使卫生间的空气焕然一新。

第三章　装点阴暗角落的
　　　　耐阴植物

豹纹竹芋

 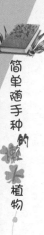
 领养属于你的花

豹纹竹芋有祈福的寓意,象征理想、智慧,是春节馈赠亲朋好友的佳品。

植物档案

别名条纹竹芋、兔脚竹芋、绿脉竹芋、祈祷花;为竹芋科肖竹芋属的多年生常绿草本植物。

植物特征

株高 10~30 厘米,节间短,多分枝,茎匍匐生长。叶片呈亮绿色,在主脉两侧长有不规则的深绿色斑点。它的叶片在接近黄昏时会向上闭合,很像祈祷时合掌的双手,事实上,这称为"睡眠运动",是它保存水分的方法。如果豹纹竹芋白天张开叶子,晚上向上闭合,就表示它相当适应现在的环境。

如何选购健康植株

宜选择叶片长短适中、疏密适中、叶色鲜艳的植株。

如何养好你的花

水：豹纹竹芋对水分反应较为敏感，生长期应充分浇水，以保持盆土湿润，但土壤不宜积水，否则会导致根部腐烂，甚至植株死亡。

光：喜光，但夏季切忌强光直射，否则会造成叶片枯黄卷曲。春、秋、冬三季应在早晚适当地多见些阳光。

土：盆土宜用疏松、肥沃、排水透气性良好，并含有丰富腐殖质的微酸性土壤。

温度：喜温暖、湿润的半阴环境，怕低温，对低温的抵抗力较差。白天理想的温度范围为 21 ~ 27℃；夜晚为 18 ~ 21℃。

肥：在生长旺盛期每月需施肥 1~2 次，肥料适用以氮肥为主的复合肥。春末、夏初是新叶的生长期，每 10 天左右施一次腐熟的稀薄液肥或复合肥，夏季和初秋每 20~30 天施一次肥，施肥时注意氮肥含量不能过多，否则会使叶片无光泽，斑纹减退，一般氮、磷、钾比例为 2∶1∶1，以使叶色光亮美丽。

繁殖：豹纹竹芋一般用分根法繁殖，可结合每年春季翻盆时进行。

植物密码惊奇发现

1. 豹纹竹芋可净化室内空气，是清除氨气的高手（每 10 平方米可清除甲醛 0.86 毫克，氨气 2.19 毫克）。

2. 豹纹竹芋植株矮小，枝叶生长茂密，株形丰满，叶面浓绿色与叶背的紫红色形成鲜明的对比，是优良的室内喜阴、观叶植物。多与中、高型观叶植物搭配，摆设在橱窗、花架或案头上，显得特别雅致，亦可做吊盆悬挂，颇有一番情趣。用来布置卧室、客厅、办公室等场所，显得安静、庄重，可供较长期欣赏。

豹纹竹芋叶片上的斑纹为什么越来越淡了呢？

豹纹竹芋放在半阴处才能生长繁茂，环境过度荫蔽，则会长势不佳，叶片斑纹就会褪色。

55

第三章 装点阴暗角落的耐阴植物

波士顿蕨

 领养属于你的花

波士顿蕨给人的感觉就是活力十足,所以喜欢此花的人大多都性格活泼、开朗,充满青春活力。

植物档案

碎叶肾蕨的一个有名突变种;为肾蕨科肾蕨属多年生常绿蕨类草本植物。

植物特征

株高 30 ~ 50 厘米,根状茎有直立的主轴,主轴上长出匍匐茎,匍匐茎的短枝上生有小块茎,主轴和根状茎上密生钻状披针形鳞片。叶簇生,翠绿色,无毛,叶片披针形,羽片长约 90 ~ 100 厘米,一回羽状,羽片无柄,基部圆形,其上方呈耳形。

如何选购健康植株

宜选择叶色翠绿、叶丛疏密适中的植株。

如何养好你的花

水:喜微潮的土壤环境,在气温较低的冬春两季应该控制浇水,使盆土处于微潮偏干的状态。

光:喜半阴环境,宜放置在有明亮散射光的地方。

土:对土壤要求不高,即使土壤贫瘠,它依然能茁壮生长并且生长迅速。

温度:喜温暖,适宜生长温度为 18～24℃,低于 5℃时生长不良。

肥:波士顿蕨所需肥料不多,不宜过多施用速效化肥。生长期间宜施用稀释的腐熟饼肥,每 4 周一次,施用后要用清水清洗被污染的叶片。

繁殖:可在 4～5 月结合翻盆时进行分株繁殖。

植物密码惊奇发现

1.波士顿蕨是蕨类植物中对付甲醛的高手。波士顿蕨每小时能吸收大约 20 微克的甲醛,因此被认为是最有效的生物"净化器"。长时间与油漆、涂料打交道者,或者身边有喜好吸烟的人,应该在工作场所或家中放至少一盆波士顿蕨。

2.波士顿蕨可以吸收电脑显示器和打印机释放的二甲苯和甲苯。

3.波士顿蕨具有较强的增湿能力。

波士顿蕨的叶子总是枯黄并且落叶怎么办?

如果阳光直射过久,叶片就会变黄,较长时间的光照不足会导致叶片的大量脱落。应将波士顿蕨放在有散射光的地方,避免阳光直射。

第三章 装点阴暗角落的耐阴植物

常春藤

领养属于你的花

常春藤是 9 月 2 日出生之人的生日花。这一天出生的人性格鲜明,言论突出,故容易成为别人议论的对象。如果你能收敛一下自己率直的性格,慎重行事,那么就可以减少别人对你的误解。

植物档案

别名土鼓藤、钻天风、三角风、爬墙虎等;为五加科常春藤属常绿藤本植物。

植物特征

茎枝有气生根,幼枝有鳞片状柔毛,攀缘生长。叶片互生,暗绿色,长有长柄,叶形为三角状卵形,像枫树叶,顶端渐尖,有的品种叶子边缘为白色或黄色。花很小、伞形,为黄白色或绿白色,花期在 5~8 月。

如何选购健康植株

宜选择叶面着色鲜明,叶色嫩绿的植株。

如何养好你的花

水：喜湿润及半阴的环境，耐寒性强，夏季应保持盆土湿润，并常向叶面喷水，冬季每3~4天浇水一次。

光：常春藤属于阴性植物，不能受强光直射，适合放在弱光下。

土：在肥沃、湿润的沙质土壤中生长良好，忌碱性土壤。

繁殖：多采用简单易行的扦插法。

植物密码惊奇发现

1. 常春藤是吸收甲醛的冠军。据研究表明，常春藤每平方米叶片可吸收1.48毫克的甲醛；常春藤还可以吸收苯，一盆常春藤能消灭8~10平方米的房间内90%的苯。

2. 常春藤可以吸尘除菌，根据测定，10平方米的房间内，只需要放上两三盆常春藤就可以起到净化空气的作用，它还能吸附微粒灰尘，对付从室外带回来的细菌和其他有害物质。

3. 常春藤能有效抵制尼古丁中的致癌物质。通过叶片上的微小气孔，常春藤能吸收有害物质，并将之转化为无害的糖分与氨基酸。

常春藤如何进行扦插繁殖？

可在春秋两季进行，取一年生枝条，截成10~15厘米长的段做插条，上端稍带叶片，插入插床5厘米左右，注意遮阴，保持湿润，一般半个月即可生根。

第三章 装点阴暗角落的耐阴植物

春 羽

领养属于你的花

春羽株态英俊,叶色翠绿,摆放在家里的客厅里可以旺家运,能给人带来宁静、安逸的感觉。

植物档案

别名裂叶喜林芋、羽裂蔓绿绒;为天南星科喜林芋属多年生常绿草本植物。

植物特征

茎直立,呈木质化,生有大量气根。叶簇生,生于茎顶,叶片羽状深裂,长约60厘米,浓绿色,有光泽。

如何选购健康植株

宜选择叶色碧绿、具有光泽,叶柄坚挺的植株。

如何养好你的花

水：春羽对水分要求较高。生长期盆土保持湿润，尤其在夏季高温期不能缺水，生长季节水分要充足，除每天浇水外，要经常向叶面和地面喷水，增加空气湿度。但如温度低于15℃，需减少浇水量。

光：春羽耐阴怕强光。遇强光暴晒，叶片即变为枯黄，气生根干枯。

土：土壤以肥沃、疏松和排水性良好的微酸性沙质土为宜。

温度：春羽的生长适温为18～28℃，其中3～9月为21～28℃，9月至翌年3月为18～21℃。冬季温度不低于8℃，短时间能耐5℃低温。

肥：春季换盆时施足基肥。生长期每半月施肥一次。春、夏、秋三季要定期施肥，肥料以腐熟的稀薄有机液肥为主。

繁殖：通常用分株法繁殖。

修剪：植株生长迅速，随着新叶片的不断增多，基部老叶逐渐黄化，需及时剪除。每年春季需换盆，成年植株可两年换盆一次。

植物密码惊奇发现

春羽每小时可吸收4～6微克有害物质，并将之转化为对人体无害的物质。这种生物中的"高效空气净化器"由于能同时净化空气中的苯、三氯乙烯和甲醛，因此非常适合摆放在新装修的居室中。此外，它还可以增加空气的湿度，有益于我们的皮肤和呼吸。

春羽老是烂茎怎么办？

浇水太勤或是生长环境过于阴暗都有可能发生这种现象。如果茎的上部没有完全腐烂可剪下，并切除腐烂部位，再重新栽于新的沙质土中，并去除下部多数叶片，只保留上部两片叶，并且将叶片全剪为"半叶"，以减少水分的蒸腾。并置于半阴处，经常向叶片或生长环境喷水，然后加强养护管理即可。

第三章　装点阴暗角落的耐阴植物

富贵竹

领养属于你的花

富贵竹是用来催官运、催学业的。如果家里有人要考学或升官的话，可在家中的文昌位摆四棵富贵竹，定会给你带来好运。

植物档案

别名绿叶龙血树、绿叶竹蕉；为龙舌兰科龙血树属常绿植物。

植物特征

茎干粗壮，直立生长，株高可达1米。叶为柳叶形，色泽翠绿，主要是以观叶为主。

品种：有绿叶、绿叶白边（称银边）、绿叶黄边（称金边）、绿叶银心（称银心）。

如何选购健康植株

宜选择叶色翠绿、具有光泽，茎干粗壮的植株。

如何养好你的花

水：喜欢温暖、潮湿的环境，耐阴、耐涝，适合在半阴的环境中生长。盛夏时，要常向叶面喷水，过于干燥会使叶尖、叶片干枯。

光：受散射光即可，如果光照过强则会引起叶片变黄、生长慢等现象。

土：选择排水性良好的沙质土或半泥沙及冲积层黏土都可以。

繁殖：最佳方法为水培扦插法。把截下的茎干剪成5~10厘米不带叶的茎节，插入水中，注意要露出一部分，在25℃的环境下，半个月左右就可生根。

植物密码惊奇发现

1.富贵竹具有消毒功能，可以有效地吸收废气，制造氧气，改善空气质量，尤其适合放在卧室或者不经常开窗的房间里，如卫生间。

2.用富贵竹做成的富贵竹塔，高贵典雅，有节节高升、旺上加旺的美好寓意，摆在家里，每天看着它心情会格外舒畅。

富贵竹的叶尖总会干枯，为什么？
富贵竹不喜欢碱性土和干燥的环境，在这样的环境中叶尖就会干枯，所以要注意土质和湿度。

第三章 装点阴暗角落的耐阴植物

红 掌

领养属于你的花

红掌的寓意是热情、大展宏图,它可以引发你潜在的魅力,并且有耀眼的表现。

植物档案

别名花烛、火鹤花;为天南星科花烛属多年生附生性常绿草本植物。

植物特征

植株高 50 ~ 90 厘米, 具肉质根, 无茎。丛生, 革质, 长圆状椭圆形或长圆状披针形,端渐尖,基部钝或圆形,鲜绿色。花梗长 25 ~ 30 厘米,佛焰苞长 5 ~ 20 厘米,佛焰苞阔卵形,有短尖,基部阔圆形,鲜猩红色。佛焰花序橙红色,螺旋状卷曲。如湿度相宜,可常年开花,但主要花期在 2 ~ 7 月。

如何选购健康植株

宜选择株形丰满,叶片浓绿,花苞多的植株。

如何养好你的花

水:注意保持土壤湿润但不要积水。高湿的生长环境更利于红掌生长,可每天向叶面喷水,但注意不要将水喷到花上。冬季盆土略干时,可每周向叶面喷水。

光:属耐阴植物,不耐强光,需要遮蔽阳光。

温度:红掌生长的最适宜温度为18~28℃,夏季,当温度高于32℃时需采取降温措施,如加强通风、多喷水、适当遮阴等。冬季,如室内温度低于14℃时需加温,如套塑料袋、开启空调等,防止冻害发生。

土:喜疏松、肥沃、透气、排水性良好的土壤。

植物密码惊奇发现

红掌可吸收空气中对人体有害的苯、三氯乙烯,并且具有很高的观赏价值。

红掌开的花颜色越来越浅,叶片总是干枯,怎么办?

如果将红掌放在阳光直射的地方,就会造成其叶片温度比气温高,叶温太高就会出现灼伤、焦叶,使花苞褪色的现象。因此,应将红掌放在有散射光的地方。

第三章 装点阴暗角落的耐阴植物

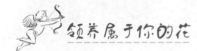

领养属于你的花

绿萝色泽明亮,生命力旺盛,是白羊座的幸运植物。

植物档案

别名黄金葛、魔鬼藤;为天南星科藤芋属常绿藤本观叶植物。

植物特征

绿萝的茎能攀附树干、墙壁生长,幼苗长出后,最好插一根绿萝桩,保证它的攀缘,长得好的绿萝能攀缘到 5 米左右,有气根。叶片为黄绿色,有光泽,上面有不规则的金黄色或白色斑块。

如何选购健康植株

宜选择枝叶茂盛的没有黄叶子的、根茎粗壮的植株。

如何养好你的花

绿萝易照料,即使在阴暗的环境中也能长得很好,是初种者的最佳选择。

水:夏季需每天浇水以保持土壤湿润,同时应经常向叶面喷水,提高空气湿度,温度较低时应减少浇水量,越冬温度不低于15℃。

光:绿萝极耐阴,不能接受强烈直射的阳光,适应室内的温和光线。

肥:如果每一两个月给绿萝施液肥一次,可以使它的叶色更加光泽亮丽。

土:应选用肥沃、疏松、排水性好的腐叶土,以偏酸性为好。

繁殖:主要用扦插法繁殖。

植物密码惊奇发现

1. 绿萝可以把墙面和烟雾中释放的有毒物质分解为植物自有的物质,可以去除甲醛、苯、一氧化碳、尼古丁,能抑制吸烟产生的烟雾,适合放在新装修的居室里。

2. 可以有效地调节室内空气的湿度,使室内环境清新自然。

3. 全株可入药,有活血散淤的功效,可用于跌打损伤的治疗。

绿萝叶子上长了黑斑,有的叶子有破损,这是什么病?

绿萝得了叶斑病,除此之外还易得腐根病。防治方法:①清除病叶,注意通风。②发病期喷 50%多菌灵可湿性粉剂 500 倍液,并可灌根。无土扦插苗定植后一般不会发生根腐病。

第三章 装点阴暗角落的耐阴植物

鸟巢蕨

领养属于你的花

鸟巢蕨是狮子座的守护花，它代表了狮子座的慷慨大度，他们是聪明又具有创造性的人，容易赢得大家的信任，成为团队中的领导者。

植物档案

别名巢蕨、王冠蕨、山苏花；为铁角蕨科铁角蕨属多年生草本植物。

植物特征

鸟巢蕨的茎直立生长，叶片呈辐射形直接着生于根茎上，形成莲座状。莲座中间为一圆柱，柱上缠有黑色纤维，俯视很像一个鸟巢，"鸟巢蕨"之名因此而得。其叶片呈阔披针形，叶色亮绿，革质，有光泽。叶背中脉突出，至基部逐渐变深，呈黑色。

品种：常见的品种有台湾鸟巢蕨、羽叶鸟巢蕨、圆叶鸟巢蕨、鱼尾鸟巢蕨、皱叶鸟巢蕨。

如何选购健康植株

宜选择嫩叶长度约15厘米，叶梢弯曲，鲜绿、幼嫩、光滑，叶柄易折断者为佳。

如何养好你的花

水：鸟巢蕨特别喜欢湿润的环境，生长期要勤浇水，以保持土壤湿润，但要避免盆土积水。

光：喜欢温暖、湿润的半阴环境，忌烈日暴晒，平时可放在室内光线明亮处或其他无直射光处养护。

土：喜疏松、透气、排水性好且富含腐殖质的微酸性土壤。

肥：生长季节每10天左右施一次腐熟的稀薄液肥或无机液肥，不可施用浓肥和生肥。

温度：喜温暖，不耐寒，冬季放在室内光照充足处，温度保持15℃以上，植株可继续生长。温度若是低于10℃，植株会受冻害。

繁殖：可用分株或孢子播种的方法繁殖。

植物密码惊奇发现

1. 鸟巢蕨因叶片茂盛且宽大，通过光合作用，吸收二氧化碳，释放氧气，使室内空气变得清新，是吸收甲醛的天然净化器。

2. 鸟巢蕨既有铁树刚烈的英雄气势，又有蕨类植物本身所特有的飘逸气质。适合用于宽敞厅堂作吊挂装饰。

在线答疑

鸟巢蕨叶子干枯，要怎么处理？
将完全干枯的叶片剪掉，避免枯叶继续吸收养分和水分。

文 竹

领养属于你的花

文竹是婚姻幸福甜蜜，爱情地久天长的象征，适合已经走进婚姻殿堂的人领养。

植物档案

别名云片竹、云竹、芦笋草、松山草；是百合科天门冬属多年生常绿草本观叶植物。

植物特征

文竹的茎柔软丛生，伸长的茎呈攀缘状向外生长。其叶状枝纤细丛生，呈三角形水平展开羽毛状，层层叠叠，很美观。文竹的花很小，白绿色，花期在春季。

如何选购健康植株

宜选择叶片浓密、平展，叶色翠绿、无枯焦、黄叶、无枝条扭曲变形的植株。

如何养好你的花

水：要经常保持盆土湿润，如果浇水过少，则容易导致叶尖发黄，叶片脱落，但要注意不能积水，炎热的天气除浇水外，还要经常向叶面喷水，提高空气湿度，这样才能保证文竹新鲜翠绿。

光：喜欢半阴的环境，不耐严寒，忌阳光直射，受散射光即可。

土：对土壤要求较严格，适合排水性良好、富含腐殖质的沙质土壤。

肥：每半个月施一次稀释液肥。

繁殖：建议用分株法繁殖，一般在春季进行。

植物密码惊奇发现

1. 文竹是躲避细菌和病毒的防护伞，它含有的植物芳香能分泌出杀灭细菌的气体，清除空气中的细菌和病毒，减少感冒、伤寒的发生，能降低室内二次污染的发生率。

2. 文竹在夜间能吸收二氧化碳、二氧化硫等有害物质。

3. 文竹还有很高的药用价值，挖取它的肉质根洗净晒干，新鲜的也可直接用，有止咳润肺、凉血解毒之功效。

4. 文竹也适合摆放在卧室、书房、办公室里。

我家的文竹越长越长，该如何处理？

要经常修剪。文竹生长较快，要随时修剪老枝、枯茎，保持低矮姿态。同时，及时剪去蔓生的枝条，保持挺拔秀丽，疏密有致。

第三章　装点阴暗角落的耐阴植物

蟹爪兰

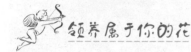

领养属于你的花

蟹爪兰的花语是红运当头。如果你正在走霉运、运气不佳则不妨种上一盆蟹爪兰。

植物档案

别名圣诞仙人掌、蟹足霸王鞭、仙人花、锦上添花;为仙人掌科附生类肉质植物。

植物特征

蟹爪兰的茎呈悬垂状,嫩绿色,新生出的茎节带红色。主茎慢慢长成圆形,易木质化,分枝多,呈节状,节茎边缘有尖齿,周身绿色。其幼叶为紫红色,成年后为绿色。蟹爪兰花瓣圆润、饱满,开花时花瓣展开均匀,花色多为纯红、桃红、嫩黄和纯白。

如何选购健康植株

宜选择嫁接苗较好的,生长健壮,株形优美的植株。

如何养好你的花

水：生长期保持盆土湿润，冬季每月浇一次水，要浇透。

光：蟹爪兰喜温暖、湿润和半阴的环境。不耐寒，怕烈日暴晒。冬季生长温度不低于 10℃。

土：蟹爪兰适宜在肥沃的腐叶土和泥炭土中生长，怕生煤土、煤灰。

肥：秋季施 1~2 次磷钾肥。

繁殖：常用扦插和嫁接法繁殖。

植物密码惊奇发现

1. 蟹爪兰夜间能吸收二氧化碳，净化空气，提高空气质量，为你带来一片清新。

2. 蟹爪兰开花正逢圣诞节、元旦，株形垂挂，花色鲜艳可爱，放在室内窗台、门廊入口处或展览大厅，会满室生辉。

在线管理

蟹爪兰的叶子发蔫怎么办？

蟹爪兰的叶子发蔫是因为根茎过于纤细薄弱，不能很好地吸收营养及水分，可以尝试嫁接的办法，把蟹爪兰嫁接到仙人掌上，仙人掌能够帮助蟹爪兰更好地生长，吸收养分。

第三章 装点阴暗角落的耐阴植物

袖珍椰子

领养属于你的花

袖珍椰子的花语是顽强的生命力,适合有"杂草"精神的人领养。

植物档案

别名矮生椰子、袖珍棕、矮棕;为棕榈科椰子属常绿矮灌木。

植物特征

袖珍椰子茎干直立,不分枝,叶片由顶部生出,羽状全裂,裂片为宽披针形,四季常绿,有光泽。花为黄色呈小珠状,春季开花。

如何选购健康植株

宜选择株形丰满,不宜过高,叶色浓绿,茎直立,观赏效果佳的植株。

如何养好你的花

水：袖珍椰子吸水能力极强，需经常保持盆土湿润，但要注意浇水时需要等到盆土干的时候再浇，夏天除浇水要充足外，还要经常往叶面上喷水，增加空气湿度。

光：怕强光直射，即使很短的时间，也会灼伤叶片，但也不能长期放在过于阴暗的地方，让它受散射光即可。

肥：不宜施肥过多，一般春秋两季施2~3次稀薄液肥即可。

繁殖：袖珍椰子的繁殖主要用播种或分株法。

植物密码惊奇发现

1. 袖珍椰子有"高效空气净化器"的美称，它能同时净化空气中的苯、三氯乙烯和甲醛，很适合摆放在新装修好的居室中。

2. 袖珍椰子外形美观大方，可以放在很多地方摆放，如客厅、书房、会议室、宾馆服务台等。既有装饰作用，增添热带风光，又可以改善空气质量。

袖珍椰子叶子尖端发黑，怎么办？

袖珍椰子要求基质湿润，不能太干也不能太湿，应以稍干即湿为好，浇灌的水中可以加入些化学肥料，以全溶性的肥料为好，你可以去花卉市场购买些无土栽培肥料兑水稀释后浇灌。

第三章 装点阴暗角落的耐阴植物

紫叶酢浆草

 领养属于你的花

紫叶酢浆草是 10 月 30 日出生之人的生日花。可以作为生日礼物送给这一天出生的人。

植物档案

别名红叶酢浆草、三角酢浆草;为酢浆草科酢浆草属多年生宿根草本植物。

植物特征

紫叶酢浆草株高 15～30 厘米,根状茎直立,地下块状根茎粗大呈纺锤形。叶片出生时呈玫瑰红色,成熟时为紫红色,被少量白毛。花色为淡红色或淡紫色,花期在 4～11 月。

如何选购健康植株

宜选择茎直立,叶大呈紫红色的植株。

如何养好你的花

水：紫叶酢浆草喜湿润、半阴且通风良好的生长环境，浇水要掌握"不干不浇，浇则浇透"的原则。

光：紫叶酢浆草对光照要求不严，在全日照、半日照环境或稍阴处均可生长。冬季应将植株移至室内光线充足处。

土：紫叶酢浆草适宜生长在疏松、湿润、富含腐殖质、排水性良好的沙质土壤中。

温度：最适生长温度为 24～30℃，但温度在 5℃以下，植株地上部分会受损。

肥：宜每 20 天左右施一次腐熟的稀薄液肥或复合肥，肥液中氮肥含量不宜过高，以免导致植株徒长，叶面上的紫红色减退，影响其观赏价值。冬季应停止施肥。

繁殖：多采用分株法进行繁殖，也可用播种法或组培法进行繁殖。

植物密码惊奇发现

紫叶酢浆草植株整齐，叶形奇特，叶色美丽诱人，观赏价值极高。适宜庭院种植，亦可盆栽用来点缀居室、阳台和窗台等处。

紫叶酢浆草为什么干叶？

有可能是营养不足的原因，如果不是全部叶子都这样就没事，不影响植株生长。

第三章　装点阴暗角落的耐阴植物

选择盆栽注意事项

1. 选种适宜。选择植物,要根据房间大小、采光条件及个人爱好而定,有主有次。要充分考虑室内自然光照条件较弱的特点,多选择一些喜阴、耐阴的植物,如苏铁、皱叶椒草、花叶常春蔓、合果芋、绿萝、一叶兰、龟背竹、棕竹、文竹、散尾葵、海棠、橡皮树、君子兰、荷兰铁、巴西木等。

2. 合理配置。室内植物要选择最佳的视线位置,即在任何角度看来都很顺眼的位置。一般最佳视觉效果,是在离地面 2.1~2.3 米的位置。同时要讲究植物的排列、组合,如"前低后高"、"前叶小色明、后叶大浓绿"等。为增加房间的自然气息,可在角落采用密集式布置,产生丛林的气氛。

3. 色彩和谐。叶色选择应使之与墙壁及家具的色彩相协调。如绿色或茶色墙壁不要配深绿色植物,否则会觉得阴气沉沉。此外,不同功能的居室在叶色选择上也应有所区别,书房要创造宁静感,以白、黄(或斑纹)、淡粉等色的花草为主;而卧室要增加轻松感,叶色淡绿者为佳。

4. 位置得当。枝叶过密的花卉若放置不当,可能会给室内造成大片阴影,所以高大的木本观叶植物宜放在墙角、橱柜边或沙发后面,让家具挡住植物的下部,使它们的上部伸出来,改变空间的形态和气氛。

5. 宜少而精。室内摆放植物不要太多、太乱,不留余地。同时,花卉造型的选择,还要考虑到家具的造型,如长沙发后侧,放一盆较高、较直的植物,就可以打破沙发的僵硬感,产生一种高低变化的节奏美。大型盆栽高度在 1 米以上的,一般在室内只能放置 1 株,置于房屋角落或沙发边,能增添居室的豪华气派;中型盆栽高度在 50~80 厘米的,通常视房间的大小布置 1~3 盆;小型盆栽高度在 50 厘米以下的,由于其体积较小,在房间内可以多放置几盆,但不要超过 7 盆。通常不能直接放在地面上,而是放在茶几、书桌、窗台等台面上,如文竹、花叶芋、冷水花等。

第四章　省心又省力的
耐旱植物

发财树

领养属于你的花

金牛座是财富的拥有者,和发财树一样展现出稳健、踏实的一面,适合金牛座的人领养。

植物档案

别名马拉巴栗、中美木棉、美国花生树;为木棉科瓜栗属常绿乔木。

植物特征

发财树的树干高大,最高可达 10 米。叶子成掌状,复叶互生,叶柄长 10~28 厘米,小叶 5~9 枚,叶长椭圆形,全缘,叶前端尖,长约 10~22 厘米,羽状脉,小叶柄短。花大,花瓣条裂,花色有红、白和淡黄色,色泽艳丽,4~5 月开花。

如何选购健康植株

健康的发财树枝叶肥厚、挺直,颜色呈墨绿色。购买时,如果盆太小的话,影响植株根系生长,整体感觉上比例合适就可以了。

如何养好你的花

水：对水分的适应性强，数日缺水也不至于枯死。但适时提供适当水分，有助于生长。浇水原则为春秋两季可每隔 2 ~ 3 天浇水一次；夏季可每天浇水；冬季宜减少浇水次数，土壤干燥后再浇水。此外，应每天向发财树的叶面喷水，以确保叶色翠绿。

光：发财树对光照要求不严，适应能力较强，无论是在强光下，还是在弱光的房间内，发财树都能正常生长。

土：对土壤要求不高，一般以土壤、混合沙质土壤及有机肥料约 7 : 2 : 1 的比例混合，由于树干较高，应注意提高土壤密度，否则很难固定植株。

温度：适应温热带气候，生长温度在 15 ~ 30℃之间，一般季节均能生长良好。

肥：以腐熟有机肥料或缓效型肥料为基肥，生长期可适量追施磷钾肥，夏季或开花季节应减少肥料使用。

繁殖：主要以扦插法及播种法为主。

植物密码惊奇发现

发财树能够有效调节室内湿度。即使在光线较弱，或二氧化碳浓度较高的环境下，发财树仍然能够进行光合作用，因此，对于空气浑浊的室内，有较好的净化作用。

发财树为什么总掉叶子？
发财树喜欢高温、高湿的环境，导致发财树掉叶可能浇水少了，或者没有晒太阳。

第四章 省心又省力的耐旱植物

金 琥

领养属于你的花

金琥是射手座的守护植物。因为金琥显眼、美丽,是植物王国中最耀眼的明星,如同射手座的人热爱自由、不受拘束的气质。

植物档案

别名象牙球;为仙人掌科金琥属多浆类植物。

植物特征

金琥的茎为球状,球体呈深绿色,大而圆,强健有力。球顶部密生金黄色的浓厚茸毛,刺座很大,密生硬刺,刺为金黄色。花期在 6~10 月,花着生于密生茸毛丛中,花形为钟形,黄色,非常美丽。

如何选购健康植株

宜选择球体大而圆、翠绿,刺色金黄、刚硬有力、分布均匀的植株。

如何养好你的花

水：金琥耐干旱，不用总浇水。但夏季是金琥的生长旺季，需水量增加。如遇干旱要勤浇水，浇水时间最好是在清晨和傍晚，切忌在炎热的中午浇过凉的水。

光：金琥喜光，应尽量满足它对阳光的需求，除冬季入室养护外，春、夏、秋季均需要全天候放于阳光充足且通风处。

土：金琥喜欢含石灰质的沙质土壤，建议每年应进行一次翻盆换土和剪除老根。

繁殖：扦插法是金琥最常用的繁殖方法，一年四季均可进行。

植物密码惊奇发现

1. 能吸收电脑辐射波，减少电磁辐射对人的伤害。

2. 可以吸收甲醛、乙醚等装修产生的有害气体，并且昼夜释放氧气，吸收二氧化碳，能有效地净化室内空气。

3. 金琥可以水培，鱼花共养也可以。如果养护周到的话，可以得到海洋与沙漠汇聚一处的美丽效果，极具观赏价值。

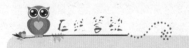

家里的金琥最近有点发黄，是不是烂根了？

金琥是很容易养护的植物，在不是特别干旱的时候不要浇水，如需浇水，一次一定要浇透，次数不可过频。养金琥需要一种爱它就别管它的心态。

第四章　省心又省力的耐旱植物

金钱树

领养属于你的花

金钱树具有招财进宝的寓意,适合求财的人领养。

植物档案

别名金币树、雪铁芋、泽米叶天南星、龙凤木;为天南星科雪芋属多年生常绿草本植物。

植物特征

金钱树株高 50 ~ 80 厘米,茎基部膨大呈球状,贮藏有大量水分。叶子呈椭圆形,羽状螺旋着生在肥大的肉质茎上,像一串串铜钱,因而得名。叶墨绿色,富有光泽。金钱树种植 3 ~ 4 年后开花,从基部开出佛焰状花序。

如何选购健康植株

宜选择茎干挺拔,叶色浓绿,叶子上无叶斑、病害的健康植株。

如何养好你的花

水：金钱树比较耐旱，应以保持盆土微湿、偏干为宜，如果盆土内通透不良易导致其块茎腐烂。生长期浇水应以"不干不浇，浇则浇透"为原则。要经常向植株喷水，北方地区冬季因室内有暖气，空气干燥，更要注意这一点，以增加空气湿度。

光：喜光又有较强的耐阴性，应为其创造一个光照较好，但又有一定程度遮阴的环境，忌强光直射。

土：要求土壤疏松、肥沃、排水性良好、富含有机质、呈酸性至微酸性。

温度：畏寒冷，适宜生长温度为 20 ~ 32℃，要求年平均温度变化小。

肥：金钱树比较喜肥，生长期可每月浇施 2 ~ 3 次浓度为 0.2% 的尿素，和浓度为 0.1% 的磷酸二氢钾液。

繁殖：采用扦插和分株方法繁殖。

植物密码惊奇发现

金钱树四季常青，叶片圆厚丰满，生命力旺盛，且能通过光合作用吸收有毒气体，释放氧气，使室内空气中的负离子浓度增加。

在线答疑

金钱树掉叶子是怎么回事？
金钱树掉叶子的原因可能是浇水过多、空气过于干燥。金钱树耐旱，忌水多，适宜的空气湿度为85%左右。

第四章·省心又省力的耐旱植物

君子兰

领养属于你的花

头脑冷静、观察力强，对爱情专一的人适合领养君子兰。

植物档案

别名剑叶石蒜；为石蒜科君子兰属多年生草本花卉。

植物特征

君子兰的根呈乳白色，粗壮，有肉质感。茎分根茎和假鳞茎两部分。君子兰叶态优美，形似剑，互生，排列整齐，叶片较窄，深绿色。花冠张开度较大，花序中有许多小花，像钟形。冬季及第二年春季开花，其中冬季开花较多，小花可开 15~20 天，先后开放，可延续 2~3 个月。

如何选购健康植株

宜选择叶片直立，叶面油亮；叶片脉纹明显隆起，脉距大，呈"田"字形或"日"字形；花大朵多，花色红艳的健康植株。

如何养好你的花

水：君子兰具有较发达的肉质根，根内贮存着一定的水分，所以这种花比较耐旱，浇水过多会烂根。

土：适宜在疏松、肥沃的微酸性有机质土壤内生长。

肥：君子兰喜肥，每隔 2~3 年在春秋季换盆一次，盆土内加入腐熟的饼肥。每年在生长期前施腐熟饼肥 5~40 克于盆面土下，生长期隔 10~15 天施液肥一次。

繁殖：目前主要采用播种法繁殖君子兰，从而形成了形形色色的品种。

植物密码惊奇发现

1. 君子兰能释放、产生大量的氧气，是家庭"氧吧"。家里不妨多放几盆。

2. 君子兰还有很高的药用价值，全株可以入药。植株体内含有石蒜碱和君子兰碱，还含有微量元素硒，现在药物工作者利用含有这些化学成分的君子兰株体进行科学研究，并已用来治疗癌症、肝炎、肝硬化腹水等症。

在线答疑

君子兰开花期间需要施肥吗？

君子兰开花期间尽量不要施肥，以免花期缩短，可以在花蕾期或开花后施肥。

第四章　省心又省力的耐旱植物

令箭荷花

领养属于你的花

令箭荷花是爱情的象征,适合热恋中的男女领养。

植物档案

别名红孔雀、荷花令箭、孔雀仙人掌;为仙人掌科令箭荷花属多浆类植物。

植物特征

令箭荷花具有很强的耐旱性,为了适应干旱的气候和减少水分蒸发,令箭荷花的叶子逐渐退化,形成了像令箭一样的叶状枝。令箭荷花的花像睡莲一样,花形非常美丽,有红、黄、白、粉、紫等颜色,花期在 4~5 月。

如何选购健康植株

宜选择花大,花形优美,外瓣鲜红色,里面洋红色的植株。

如何养好你的花

水：令箭荷花的盆土要偏干一些，不干不浇，如盆土过湿，容易引起根部霉烂或花蕾掉落。

光：在春秋两季要放在朝南的阳台处，且要通风透光；夏季高温季节要避免暴晒，为了提高湿度应向周围地面喷水；入冬前需搬入室内放在阳光充足处。

土：喜欢在疏松、肥沃、排水性良好的土壤中生长，不要用碱性或黏性过大的土壤。

肥：令箭荷花喜肥，要加强施肥管理，尤其在 3 月施肥最重要。应每半月施 1 次腐熟液肥，以磷肥为主，辅以氮肥，这能使令箭荷花长出很多的花蕾。

繁殖：建议采用扦插法繁殖。

植物密码惊奇发现

1. 令箭荷花能增加室内空气中的负离子。当室内的电视机或电脑启动的时候，负氧离子就会迅速减少，如果一整天都这样的话，室内空气就会很糟糕，令箭荷花可以缓解这一问题，令箭荷花肉质茎上的气孔白天关闭，夜间打开，在吸收二氧化碳的同时，能释放出氧气，使室内空气中的负离子浓度增加。

2. 令箭荷花对二氧化硫、氯化氢的抵抗性较强，对一氧化碳也有较强的吸收能力，其花香还可使人神清气爽、精神焕发。

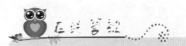

在线答疑

令箭荷花开过花的地方还开花吗？

已经开过一两次花的花枝就老化了，颜色变为灰褐色，花枝开始变硬，也就是木质化了。以后一般不会再次开花。为了每年都能开花，必须逐年修剪掉老枝。

第四章 省心又省力的耐旱植物

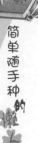

龙 骨

领养属于你的花

龙骨有独占鳌头的寓意,适合备考的人领养。

植物档案

别名龙骨柱;为仙人掌科龙神柱属。

植物特征

龙骨茎高 4～5 米,三棱状,棱边有小刺,刺极短,多分枝,蓝绿色。它的花丛生于上部的刺座上,白色,花期在夏季,昼开夜闭。盆栽一般不易开花。

如何选购健康植株

挑选时要注意龙骨的厚度,最好不低于 0.6 毫米。

如何养好你的花

水：龙骨比较耐旱，平常浇水要适量，以免盆土长期过湿导致烂根。冬季休眠期可每隔1~2个月浇一次水。

光：龙骨喜阳光充足的生长环境。但龙骨不耐寒，为了预防冬季龙骨腐烂，需将其置于阳光充足的地方，并隔一段时间转盆。

土：龙骨对土壤要求不高，一般的培养土就能使其生长良好。

温度：龙骨不耐寒，温度在10℃左右可安全越冬。

肥：为使龙骨生长良好，可在其生长期每隔15天左右施一次氮肥。

繁殖：多采用扦插法进行繁殖。

植物密码惊奇发现

1. 龙骨喜阳光充足的生长环境。植株呈蓝绿色，叶片犹如鱼鳞，在阳光的照耀下闪闪发光，很壮观，是盆栽花卉的佳品。

2. 龙骨有"万能砧木"之称，用龙骨做砧可与虎刺梅、蟹爪兰嫁接，奇花异木，多姿多彩，甚是美丽，观赏价值极高。

在线答疑

我家的龙骨上长了白色的小虫子，怎么办？

白色小虫应该是白粉虱。可以用烟丝或烟头泡在一杯水中，待水变成褐色，将水喷洒在枝叶上，多喷几次，就可以杀死。

还可以将少许洗衣粉或肥皂放入半盆清水中搅拌，然后用软毛刷蘸水涂抹枝叶，几天后可消灭。

第四章 省心又省力的耐旱植物

芦荟

 领养属于你的花

芦荟是9月11日出生之人的专属花。

 植物档案

别名油葱；为百合科芦荟属多年生常绿肉质草本植物。

 植物特征

芦荟有短茎。叶肥厚，多汁，簇生，呈座状或生于茎顶，叶为披针形或叶短宽，边缘有尖齿状刺。花色呈红、黄或有赤色斑点，花瓣6片、雌蕊6枚。

如何选购健康植株

宜选择叶肉厚实，刺坚挺、锋利，根部结实的植株。

如何养好你的花

水：分株或扦插后应浇水，但盆土不宜过于潮湿。夏季干燥时每隔1~2天浇水一次。

光：适合温暖、湿润的环境。夏季避免强烈的阳光直射。

土：以肥沃、疏松、排水性良好的沙质土壤为佳。

繁殖：可采用分株法和扦插法繁殖。

植物密码惊奇发现

1. 芦荟含糖和维生素，对皮肤有良好的营养、滋润、美白作用。经常用芦荟的汁液洗手、洗面、沐浴、涂敷，可以对抗令女性烦恼的粉刺、痤疮、青春痘、黄褐斑及雀斑，还可以加速皮肤的新陈代谢，补充皮肤中损失的水分，减少面部皱纹的生成，保持皮肤柔润、光滑、富有弹性。而且芦荟具有护发、养发、美发，使头发柔顺、滋润、光滑的作用，对脱发、白发、稀发能达到预防和治疗的效果。

下面介绍几种用芦荟自制美容护肤品的方法，简单实用。

（1）芦荟美容：晚上清洁脸部后，摘一片芦荟，把叶肉划破，取出汁液，涂在脸部，每次保持20~30分钟，坚持一段时间后，面部皮肤会变得柔软、光滑、白嫩，皮肤暗沉、粗糙也会得到改善。

（2）芦荟润发：用放进芦荟汁或芦荟粉末的水洗头发可去除头屑，并使头发柔顺有光泽。另外也可防止脱发，有养发的效果。

（3）芦荟唇膏：在干燥的季节，可以用芦荟汁液加上蜂蜜来涂唇，很有效果。

2. 芦荟的药用效果不比美容效果差，能杀菌、消炎，治疗便秘。夏天往皮肤上涂点儿芦荟汁，蚊子就不会来咬。此外芦荟汁还可以防溃疡、促进伤口愈合，有止血的功能。

把芦荟汁涂在脸上感觉痒怎么办？

如果皮肤有痒的感觉或出现红色小疹斑点，可以用清水冲洗，千万不要用手去抓痒，以防感染。对过敏者，应停止使用芦荟。

第四章 省心又省力的耐旱植物

落地生根

领养属于你的花

落地生根有长命百岁、福寿吉庆的寓意,适合作为礼物送给长辈。

植物档案

别名灯笼花、叶爆芽、土三七等;为景天科伽蓝菜属多年生肉质草本多浆植物。

植物特征

落地生根的茎单生,直立少分枝,褐色,高30~100厘米。叶周围有小叶丛生,锯齿状,一片大叶可生40~50个这样的"锯齿"。叶片边缘锯齿处可萌发出两枚对生的小叶,在潮湿的空气中,上、下面能长出纤细的气生须根,小幼芽均匀地排列在大叶片的边缘,一触即落,且会落地生根。落地生根的花大,初期为绿色,成熟之后为红褐色,花期在3~5月。

品种:落地生根的品种有二三百种之多。它繁衍后代的方式也与众不同,叶子边缘处会有不定芽长出,一旦遇到风吹或人碰即会落地,长成一棵新的植株。

如何选购健康植株

宜选择枝叶肥厚、直立、褐色,大叶上生有密集的锯齿,叶片边缘锯齿处萌发出对生的小叶的植株。

如何养好你的花

水：落地生根怕水涝,故盆土不干不可浇水。

光：生长期宜放在阳光充足、通风良好的地方,每年10月中旬应移入温室。盛夏要稍遮阴。

土：盆土宜用排水性良好、含有腐殖质的沙质酸性土壤为宜。盆栽时可用腐叶土3份和沙土1份混合做基质。

温度：耐干旱,不耐寒,冬季温度不低于8℃。

肥：施肥不必过勤,否则会造成旺长,并有可能造成植株腐烂,生长期每月施1~2次肥即可。

繁殖：常用繁殖方法有扦插、不定芽和播种。

植物密码惊奇发现

1. 落地生根在夜间有净化空气的功能,家里摆上一盆,会在不知不觉中享受到清新的空气。而且这种植物特别容易养护,几乎不用特别关照,如果你经常出差或不经常在家的话,可以考虑养一盆,很多天不浇水都没问题。

2. 落地生根还具有一定的药用价值,有清热解毒,清血凉血的功效。可以用来治疗跌打损伤、胃痛、关节痛、咽喉肿痛、肺热咳嗽等症。

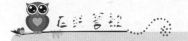

我家的落地生根为什么蔫了?

落地生根蔫了主要是因为温度低、浇水勤、施肥不当所致。落地生根最佳生长温度为20~30℃之间,冬季不需要施肥。如果在室内没有提供足够的光照,也会影响其正常的生长。

第四章　省心又省力的耐旱植物

石 竹

领养属于你的花

石竹象征着母爱,可以作为母亲节的礼物。

植物档案

别名洛阳花;为石竹科石竹属多年生草本花卉。

植物特征

石竹的茎光滑多分枝。叶为对生,线状披针形。花朵繁茂,色彩丰富,花色有粉、红、紫红、白,单瓣或重瓣,有芳香,花期集中在 4~5 月。

品种:常见的品种有须苞石竹、锦团石竹、常夏石竹。

如何选购健康植株

宜选择花苞或花朵较多,且茎枝韧度、弹性好的植株。

如何养好你的花

水：耐干旱，忌潮湿、水涝。

光：石竹日开夜合，若上午进行日照，中午、下午遮阴，则可延长观赏期，并使之不断抽枝开花。

土：喜排水性良好、肥沃的沙质土壤。

肥：栽种前施足量的基肥。夏季是石竹生长的旺盛期和开花期，要给予充足的水肥。

繁殖：栽植简易，管理粗放，繁殖用播种与扦插的方法，种子发芽最适宜温度为21~22℃。秋季播种，第二年春定植；不易结实的重瓣品种，可在秋季进行分株或扦插。

植物密码惊奇发现

1. 石竹有吸收二氧化硫和氯气的本领，凡有毒气的地方多种石竹，可以减少污染。

2. 石竹产生的挥发性油类具有显著的杀菌作用，能使我们生活的空间格外洁净。

3. 石竹花朵繁密，色泽鲜艳，质如丝绒，观赏期较长，是优良的观赏植物，也可用做切花，具有很好的装饰效果。

如何播种石竹花子儿？

石竹基本上就是粗放管理，种子撒到土里不到一周就能发芽了。播种时，注意浇水不要把种子冲掉就行了。

第四章 省心又省力的耐旱植物

铁 兰

 领养属于你的花

性格坚强,做事不服输的人适合领养铁兰。

植物档案

别名紫花凤梨;为凤梨科铁兰属多年生草本植物。

植物特征

铁兰株高 30 厘米左右,莲座状叶丛。叶浓绿色,质硬,革质,基部呈紫褐色条状斑纹,叶背绿褐色。花序穗状,椭圆形。自下而上开紫红色的花。花小,花径约 3 厘米。花期长,可从秋季开到第二年春天。

如何选购健康植株

选购时要看植株叶片和花苞的颜色是否纯正,有无光泽,以及有没有枯萎、折断、破损的情况。

如何养好你的花

水：铁兰喜干燥、极其耐旱。铁兰的生长环境需要较高的空气湿度，因此应该经常向植株或其周围喷水，但叶缝间不能积水。冬季要尽量减少浇水量。

光：铁兰喜阳光充足的生长环境。适宜在散射光下生长，怕阳光直射。夏季高温时要适当遮阴，避免阳光直射。冬季要给予充足的阳光。

土：适宜在疏松、排水性良好的土壤中生长。

温度：最适宜生长温度为 20～30℃，冬季温度要在 10℃ 以上。

肥：在其生长期可每隔 2～3 周施一次液肥，浇灌到根部或喷洒到叶面上均可。

繁殖：以分株法繁殖为主。

植物密码惊奇发现

1. 铁兰的盆栽可用于装饰客厅、书房、卧室等处。

2. 因铁兰属于气生植物，没有根，可从空气中吸收必要的水分和营养，所以完全不需要种植，随便挂在什么地方便可生长。

铁兰花谢了以后怎么处理？

把花梗剪掉，等旁边的小苗稍长大些就切下来单独栽培。待小苗长大后才能再次开花。

第四章 省心又省力的耐旱植物

仙人球

领养属于你的花

仙人球有将爱情进行到底的寓意,适合恋爱中的男女领养。

植物档案

俗称草球;为仙人掌科多年生肉质多浆植物。

植物特征

仙人球茎呈球形或椭圆形,绿色,球体上有纵棱若干条,棱上密生针刺,黄绿色,长短不一,呈辐射状。花生于纵棱的刺丛中,有银白色、粉红色,喇叭形,长可达 20 厘米,喇叭外有鳞片。仙人球开花一般在清晨或傍晚,持续时间为几小时或一天。

品种:仙人球就其外观看,可分为毛柱类、强刺类、海胆类、顶花类等。

如何选购健康植株

一要看颜色,一般嫩绿或翠绿为最好;二要看刺,最好选择刺坚硬而有弹性,颜色健康的植株。

如何养好你的花

水：仙人球有明显的生长期和休眠期，生长期要适量浇水，休眠期则要少浇水甚至不浇水。浇水时遵循"干透浇透，不干不浇"的原则，水温要尽量与土温相接近。

光：仙人球是喜干、耐旱的植物，但切勿在烈日下暴晒。

土：喜欢排水性良好的沙质土壤。冬天，仙人球处于休眠期，盆土要相对偏干一些，否则容易烂根。

肥：春夏季节，仙人球进入生长期，应每半个月施一次肥，最好施氮、磷、钾混合的肥料。

植物密码惊奇发现

1. 仙人球的呼吸多在晚上比较凉爽、潮湿时才进行。呼吸时，会吸入二氧化碳，释放出氧气。所以，在室内放置一盆仙人球，无异于增添了一个"空气清新器"，能净化室内空气，是夜间放置于室内的理想花卉。

2. 仙人球能吸收甲醛、乙醚等装修产生的有毒、有害气体，刚刚装修完的新家，一定要摆放几盆。

3. 仙人球还是吸附灰尘的高手。在室内放置一盆仙人球，特别是水培仙人球（因为水培仙人球更清洁环保），可以起到净化环境的作用。

在线答疑

为什么我的仙人球烂了？

有可能是你浇水过多造成的。仙人球浇水不能太勤，干透再浇，因为它是沙漠上的植物，具有很强的抗旱能力。

第四章 省心又省力的耐旱植物

仙人掌

领养属于你的花

摆盆仙人掌放在办公室里可以防小人。

植物档案

别名仙巴掌、霸王树、火焰、火掌、玉芙蓉；为仙人掌科仙人掌属灌丛状肉质植物。

植物特征

仙人掌的茎，形状不一，有锐利的尖刺。花朵分外娇艳，花色丰富多彩。

品种：按照原产地和形态把仙人掌科花卉分为陆生型和附生型两种。

如何选购健康植株

宜选购表皮有亮度、色泽好，看起来壮实的植株。

如何养好你的花

水:新栽植的仙人掌先不要浇水,每天喷雾几次即可,半个月后可少量浇水,一个月后新根长出才能正常浇水。

光:仙人掌是一种喜欢光照的多肉植物。阳光充足有利于其生长,特别是冬季更要保证充足的光照。一般高大柱形及扁平状的仙人掌较耐强烈的光照,夏季可放在室外,不需遮阳。

土:盆栽用土要求排水透气性好、含石灰质的沙土或沙质土壤。

肥:施肥在春秋季进行,每隔 10 天或 20 天施肥一次,冬季则不要施肥。

繁殖:仙人掌的成活率很高,把剪根后的植株放在阴凉通风处晾 5~6 天后重新栽种,这样发根又快又好。

植物密码惊奇发现

1. 仙人掌肉质茎上的气孔在白天关闭,夜间打开,所以它在夜间会吸收二氧化碳,释放氧气,因此,有增加新鲜空气和负离子的功能。

2. 仙人掌在辐射源附近会生长得很好,它具有减少电磁辐射带来的伤害的功效,所以,在电脑显示器附近,尤其是在键盘附近,放上几个小的盆栽仙人掌会比较合适。

3. 仙人掌可以消除疲劳,对空气中的细菌也有良好的抑制作用。

4. 仙人掌可以清热解毒,散淤消肿,健胃止痛,镇咳。可治疗十二指肠溃疡、急性痢疾、咳嗽;外用能治流行性腮腺炎、乳腺炎、痈疽肿毒、蛇咬伤、烧烫伤。

把仙人掌放在电脑旁边会死吗?

把仙人掌放在电脑旁边不会死,只要保持盆土疏松、透气,适当浇水(宁干勿湿),适当地照一点儿太阳(不是暴晒),它就会长得很好。

第四章 省心又省力的耐旱植物

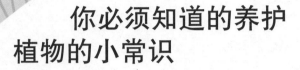

你必须知道的养护
植物的小常识

NO.1: 了解你所养的花卉的基本习性

要清楚它们喜欢什么,害怕什么,什么环境更有利于它们茁壮成长。比如仙人掌喜欢阳光,你却把它长时间地放在阴凉的地方,即使它生命力再强,也会经不起这样致命的折磨。所以一定要掌握花卉的习性,因花制宜,才能养好植物。

NO.2: 浇水常识

给植物浇水不在勤,而在透。最忌讳浇水时只淋湿表面一层土或者水流如注,猛浇猛灌。应该用细流一点一点浇灌,直到把整盆土浇透,有水从盆底流出为止。春天宜午浇;夏天宜早晚浇;秋天应少浇;冬天根据盆土的干湿,几天浇一次为宜。浇花水一般要困一天后再用。

PS: 浇花小诀窍

●残茶浇花。残茶用来浇花,既能保持土壤水分,又能给植物增添氮等养料。但要定期地浇,不能频繁地浇。

●变质奶浇花。牛奶变质后,加水用来浇花,有益于花儿的生长,但水的比例要多些。未发酵的牛奶不宜浇花,会导致烂根。

●凉开水浇花。用凉开水浇花,能使花木叶茂花艳,并能促其早开花。若用来浇文竹,可使其枝叶横向发展,矮生密生。

●温水浇花。冬季天冷水凉,用温水浇花为宜。最好将水放置室内,待其同室温相近时再浇。

●淘米水浇花。经常用淘米水浇米兰等花卉,可使其枝叶茂盛,花色鲜艳。

NO.3: 土壤的选择

盆栽花卉的根系只能在一个很小的土壤范围内活动,所以对土壤的要求很严格。应尽量选择有良好的团粒结构,疏松而又肥沃,保水、排水性能良好,同时含有丰富腐殖质的中性或微酸性土壤。这种土壤重量轻、孔隙大、空气流通、营养丰富,有利于花卉根系发育和植株健壮生长。这就需要选用人工配制的培养土,根据花卉植物不同的生长习性,按比例混合而成,满足不同花卉生长的需要。一般花草的培养土的比例为:腐叶土 3 份、园土 5 份、河沙 2 份。木本类的培养土的比例为:腐叶土 4 份、园土 5 份、河沙 1 份。多数盆栽花草的培养土的比例为:腐叶土 4 份、园土 4 份、河沙 2 份。

PS: 自制腐叶土

腐叶土是培养盆花常用的材料。有条件的可到山间林下直接挖取腐叶土。自制腐叶土的方法是:秋天收集阔叶或针叶树的落叶、杂草等物,堆入长方形坑内。堆制时先放一层树叶,再放一层园土,反复堆放数层后,再浇灌少量污水,最后在顶部盖上一层约 10 厘米厚的园土。来年暮春和盛夏各打开一次,翻动并捣碎堆积物,再按原样堆好。深秋即可挖出,进一步捣碎过筛后使用。如果没有精力和时间制作,就只能直接到花市上购买了。

NO.4: 追肥的讲究

常用的肥料分为有机肥料和无机肥料。施肥时要注意:

●施肥要根据花卉的种类有所区分。如观叶为主的花卉,偏重于施氮肥;观花的花卉,在开花期需要施适量的完全肥料,才能使花开得多而艳丽。

●施肥要注意季节。冬季植物生长缓慢,一般不施肥;春秋季正值花卉生长旺期,需要较多肥料,应适当多追肥;夏季气温高,水分蒸发快,又是花卉生长旺期,所施的肥浓度要小,次数可多些。

●施用有机肥料时,一定要充分腐熟,不可用生肥。另外,忌施浓肥,忌肥料直接与植物根部接触。栽花时盆底施基肥,要在肥上加上一层土,然后再将花栽入盆中。

PS:自制花肥5法

●啤酒肥料。用水和啤酒按1:10 的比例混合均匀后,喷洒叶片,能收到根外施肥的效果。

●碎蛋壳肥。将蛋壳压碎埋入花盆中,是很好的肥料,可以使盆花叶繁花艳。

●煮熟少量黄豆待用。每盆花穿 3 个穴,放入熟黄豆 3~5 粒,深 2~3 厘米,不伤花根,并覆土如常。

●将平日废弃的猪骨、鱼骨等捶碎,施放盆底或盆面。

●雨水和鱼缸里的废水,含有一定量的氮、磷、钾,适量使用会起到促进花木生长的作用。

NO.5: 注意防治病虫害

要时常关注你的花草有什么新的变化,叶子是否变黄了,花朵是否很容易脱落等。发现病虫害时要及时救治,选择适当的药物喷洒,同时日常也要注意预防病虫害的发生。植物是有灵性的,只要精心呵护,它们会一直把美丽呈现给你。

PS1:自制杀虫剂4法

●取大葱 200 克,切碎后放入 10 升水中浸泡一昼夜,滤清后用来喷洒受害植株,每天数次,连续喷洒 5 天。

●大蒜 200~300 克,捣烂取汁,加 10 升水稀释,立即用来喷洒植株。

●烟草末 400 克,用 10 升水浸泡两昼夜后,滤出烟末,使用时再加水 10 升,加肥皂粉 20~30 克,搅匀后喷洒受害花木。

●水 10 升,草木灰 3 千克,泡 3 昼夜后,即可喷洒植株。

PS2:防治病虫害 3 招

●定期深翻、换土、培土。深翻盆土可以将潜伏在花盆土壤中的幼虫、蛹、卵等翻到表面,受阳光、温度、湿度的影响,促使其死亡;培土可以将浅土中的病菌和残叶埋入深土层,使其丧失生命力,同时又可增加土壤养分;换土可以将花盆中的带病土壤移换走,提高土壤肥力,有利于花卉成长。

●及时除草。杂草丛生不仅会与花卉争夺养分,影响通风透气,妨碍生长,而且还会滋生病菌,为害虫提供繁殖场所。

●定期修剪。及时剪除病枝、枯枝、残枝,消灭枝条上的虫卵、幼虫及成虫,防止害虫和病菌蔓延。

NO.6: 修枝整形保持美观

不同类型的花木,修剪的时间也不同。首先要掌握不同花木的开花习性。凡春季开花的,如梅花、迎春花等的花芽是在头一年的枝条上形成的,因此冬季不宜修剪,应在开花后1~2周内修剪,促使萌发新梢,又可形成来年的花枝。而在当年生枝条上开花的花木,如月季、金橘、佛手等,应在冬季休眠时进行修剪,促使其多发新梢、多开花、多结果。蔓生性木本花卉,一般应于休眠期或冬季修剪,以便保持整齐、匀称、优美的株形。

NO.7: 花卉繁殖常识

花卉繁殖分为有性繁殖和无性繁殖。有性繁殖是通过播种植物的种子繁殖新个体;无性繁殖是通过扦插、分株、压条、嫁接等方法繁殖新个体。一般家庭养花多采用无性繁殖中的扦插、分株方法。此种方法方便快捷,不需要太多的技术含量,一般人就可以操作。

NO.8: 出差、外出时的花卉护理

如果要长期出差或是长时间外出,一定要事先准备好对室内植物的养护工作,保证这些植物不会干枯、生病致死。这里提供几个有效的养护方法,可以使你的植物在你外出时能够一样茁壮生长:

●植物浇透水后,把花盆放在背阴无风的地方,以减少水分的蒸发。

●浇完水后,可以在盆土表面铺一层湿青苔或盖一层塑料薄膜,这样可以长时间地保持水分。

●在花盆旁放一盆水,将一条厚布带,一端浸在水盆里,一端压在花盆底部排水孔下面。厚布中的水分可以慢慢释放出来,滋润盆土。

●在植物上方悬挂一个塑料袋,里面装入适量的水,在袋的下方用细针扎几个小孔,这样,水就会以小水滴的形式慢慢滴下来,滋润盆内的植物。这种方法是很有效的,不过要注意把塑料袋系牢,以免掉下来。

第五章　给阳光就灿烂的喜光植物

矮生伽蓝菜

108

领养属于你的花

矮生伽蓝菜是3月8日出生之人的守护花。可以作为生日礼物送给这一天出生的人。

植物档案

即长寿花；为景天科伽蓝菜属多年生肉质草本植物。

植物特征

矮生伽蓝菜的茎直立，株高 10~30 厘米。叶肉质，交互对生，椭圆状长圆形，深绿色，有光泽，边略带红色，肥嫩多汁，易折断。花色有橙红、黄、绯红、桃红等色，株形矮小，花期长，花朵细密、拥簇成团，整体观赏效果甚佳。

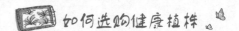

如何选购健康植株

宜选择茎干直立，花序多且紧密的植株。

如何养好你的花

水:每次浇水要待盆土干透后再浇。天气
干燥时,要对植株及周围环境喷水增湿。夏季每
天浇水两次,开花前期应控制水分,以促进开花。

光:耐干旱,喜欢阳光充足的环境。越冬温
度为 12℃ 左右,是典型的短日照植物。若长期
放在荫蔽处,会使叶片发黄、落叶。

土:喜欢排水性良好的沙质土壤。盆栽用
疏松的腐殖土或泥炭土。

肥:生长期每月要施肥 2~3 次。

繁殖:家庭常用扦插法繁殖。

植物密码惊奇发现

1. 矮生伽蓝菜是优良的冬春季室内盆花,
可在夜间呼出氧气,净化室内空气,家庭栽养
可达到绿化、美化居室环境的效果。

2. 矮生伽蓝菜的花期长,花团锦簇,又能
净化空气,栽养在家里,会增添很多的情趣。

矮生伽蓝菜怎么忽然掉叶了?

矮生伽蓝菜掉叶子是土壤中缺氮肥的表
现,可施一些氮肥。

第五章 给阳光就灿烂的喜光植物

非洲菊

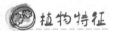

领养属于你的花

非洲菊是天秤座的星座花，领养它有助于提升天秤座的人的结婚运。

植物档案

别名扶郎花、灯盏花；为菊科多年生宿根草本植物。

植物特征

非洲菊株高 30~45 厘米。叶柄长，叶片长圆状，匙形，羽状浅裂或深裂。其花为钟形，舌状花瓣，多重瓣，花色有大红、橙红、淡红、黄色等。通常四季开花，以春秋两季最盛。

品种：非洲菊的品种有窄花瓣型、宽花瓣型和重瓣型。

如何选购健康植株

宜选择花瓣挺实、平展、不反卷、无焦边、无落瓣，花梗鲜绿、不枯黄的植株。

如何养好你的花

水：非洲菊生长旺盛期应保持供水充足，夏季每3~4天浇一次水，冬季约半个月浇一次水。花期浇水时要特别注意，不能让叶丛中心沾水，以免花芽腐烂。

光：非洲菊为喜光花卉，冬季需全光照，但夏季应注意适当遮阴，并加强通风，以降低温度，防止高温引起的休眠。

土：非洲菊比较喜欢疏松、肥沃、排水性良好、富含腐殖质、土层深厚、微酸性的沙质土壤。

繁殖：可采用分株法繁殖。

植物密码惊奇发现

1. 非洲菊是美化环境的良好花卉，可以有效吸收氯气，净化空气。

2. 花朵硕大，花枝挺拔，花色艳丽，水插时间长，切花率高，瓶插时间可达 15~20 天，栽培省工省时，为世界著名十大切花之一。非洲菊花形呈放射状，常做插花主体，多与肾蕨、文竹相配。让室内空气洁净，使人心情舒畅。

3. 非洲菊盆栽常用来装饰门庭、厅室。如用红色非洲菊为主花，配上肾蕨、棕竹叶、干枝和染色核桃，进行挂壁装饰，可产生较强的装饰效果。

非洲菊打蔫怎么办？

发现叶片萎蔫时应立即将花盆移至阴凉处，向叶面喷些水，并浇少量水。以后随着茎叶逐渐恢复挺拔，再逐渐增加浇水量。

111

第五章 给阳光就灿烂的喜光植物

扶 桑

领养属于你的花

扶桑象征着新鲜的恋情,正处于初恋中的男女适合领养。

植物档案

又称朱槿;为锦葵科扶桑属落叶灌木或小乔木。

植物特征

扶桑的茎直立,多分枝,稍披散,树皮为灰棕色,枝干上有根须或根瘤,幼枝被毛,长成后逐渐脱落。它的叶互生,在短枝上也有2~3片簇生者,叶卵形或菱状卵形,有明显的三条主脉,基部楔形,下面有毛或近无毛,先端渐尖,边缘具圆钝或尖锐锯齿。花形有单瓣、重瓣之分,花色有浅蓝、紫色、粉红色或白色,花期在6~9月。

如何选购健康植株

宜选择茎直立,多分枝且花大的植株。

如何养好你的花

水：喜温暖、湿润的环境,耐干旱,耐湿,抗寒性较强。在干旱时适当浇水,生长期保持土壤湿润。

光：适宜充足的阳光,也稍耐阴。

土：喜肥沃土壤,耐瘠薄土壤。

肥：生长旺季稍施稀薄液肥即可。春季萌芽前施肥一次,6~10月开花期,施磷肥2次。

繁殖：常用扦插和播种法繁殖。主要以扦插为主,多在早春或梅雨季节进行,秋末冬初也可以进行,均极易生根成活。

植物密码惊奇发现

扶桑花有美容补血的功效,是很好的食用材料。将各种羹、煲、粥、汤煮好后加入适量扶桑花,既能保持原汤的风味,又可以提高鲜度,色泽可人,营养丰富,滋补养颜。

1. 扶桑豆花汤：原料有白扶桑花15朵,嫩豆腐300克,砂仁2克,生姜末、精盐、味精、植物油、麻油各适量。

做法：先将扶桑花去蒂洗净,然后炒锅上火,放油烧至八分热,放入砂仁、生姜末煸炒出香味,捞去渣,加600克清水,下豆腐片煮开,再下扶桑花煮沸,加入精盐、味精,调好味,淋上麻油即成。此汤花香浓郁,豆腐鲜嫩,可凉血止血,美容养颜,通肠利胃。

2. 扶桑还可以做扶桑蜜,扶桑用来美容最为适宜。

制作方法：盛夏取白色扶桑花若干,捣成泥,加适量冷开水滤渣存汁,与等量上等蜂蜜兑拌即成,注意冷藏防腐。每次取扶桑蜜一匙(5毫升),兑开水服用,美容效果极佳。同时可以外擦,对粉刺、痤疮及面癣有奇效。

扶桑出现黄叶是什么原因?

扶桑喜水,在盆土干燥时叶片即会黄化。当然长期渍涝也会使叶片黄化,且嫩枝叶黄化最严重。

第五章　给阳光就灿烂的喜光植物

花叶芋

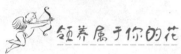 **领养属于你的花**

花叶芋纯洁、清纯，甘于自我牺牲，是双鱼座的人的星座花。

植物档案

又叫彩叶芋；为天南星科花叶芋属多年生宿根观叶植物。

植物特征

花叶芋的叶片色彩斑斓，是观叶植物中的上品。它的叶呈卵状三角形或箭形，好像盾牌一样，绿色，上面有白色、红色、紫色斑点和斑纹，背面为粉绿色。花色有黄色或橙黄色。

品种：常见的有白叶芋，叶片白色，叶脉为绿色；东灯，叶为绛红色，边缘绿色。

如何选购健康植株

宜选择茎枝粗壮的植株。

如何养好你的花

水:喜潮湿。春夏两季要大量浇水,保持盆土湿润,经常喷水,短时间的干燥都会使叶子枯萎。入秋后,花叶芋叶子逐渐枯萎,进入休眠期,这时要节制浇水,使土壤干燥,剪去地上部分,将块根上的泥土抖去,储藏在沙子中。

光:喜欢阳光,但不宜过分强烈,可在早晚接受阳光照射。

土:要求土壤疏松、肥沃、排水性良好,可用园土2份、腐叶土2份和河沙1份混合制成。

肥:生长期每月施稀释液肥一次,氮、磷、钾肥搭配施用。

繁殖:一般用分株法繁殖。春季新芽萌发前,将母株周围着生的子株切下,切口用草灰涂抹,放于阴凉处,切口干燥后便可种植。

植物密码惊奇发现

1. 花叶芋是天然的"空气加湿器"。因为花叶芋生长期需要大量的水分,所以它也会增加整个室内空气的湿度。

2. 花叶芋又是天然的"除尘器",其纤毛能截留并吸附空气中飘拂的微粒及烟尘,有效净化空气。

花叶芋叶片倒伏是怎么回事?

可能是因为养护环境的光照不适、通风太差,导致徒长,或因水分比较充足,叶片含水量大,故下垂。调整一下养护环境即可改善。

第五章 给阳光就灿烂的喜光植物

孔雀竹芋

领养属于你的花

孔雀竹芋是 7 月 19 日出生之人的守护花。可以作为礼物送给这一天出生的人。

植物档案

别名蓝花蕉;为竹芋科肖竹芋属多年生常绿草本植物。

植物特征

孔雀竹芋的叶片呈长卵状,卵圆形,叶薄革质。叶面绿白色,中肋边缘有较深的褐色斑纹。叶片终年常绿,具有独特的金属光泽,褐色斑块犹如开屏的孔雀,生长茂密。叶片有"睡眠运动",即在夜间其叶片从叶梢部向上延至叶片,呈抱蛋状折叠,早晨阳光照射后又重新展开。

如何选购健康植株

宜选择叶薄,叶背为紫红色的植株。

如何养好你的花

水:喜湿润,生长期应保持土壤湿润,但不能积水。夏季需每天向叶面喷水 2~3 次,也要增加周围环境的湿度;冬季保持盆土微湿即可。

光:宜放在光线明亮处才能生长繁茂,环境过度荫蔽,则长势软弱,叶片斑纹褪色;夏季切忌强光直射,否则会造成叶片枯焦、卷曲。

温度:最佳生长温度为 22℃ 左右。冬季一定要注意防寒保温,室温宜保持在 13℃ 以上。

肥:生长期每隔 20 天施一次稀薄饼肥、水或复合肥液,但不宜太多。

繁殖:孔雀竹芋用分株法繁殖。一般在春末夏初时进行。

植物密码惊奇发现

1.虽然孔雀竹芋去除甲醛的功效值仅为吊兰的一半,但相比普通植物还是要高很多,除此之外它还是清除氨气的高手(每 10 平方米可清除甲醛 0.86 毫克,氨气 2.19 毫克)。

2.孔雀竹芋适应性较强,在室内较弱光线环境下也可较长时间栽培。常以中小盆种植,装饰布置于家庭书房、卧室、客厅等场所。

孔雀竹芋叶片边缘干枯是怎么回事?
孔雀竹芋叶片边缘干枯是由于光照不适、湿度较低、炭疽病菌侵染所致。

南洋杉

 领养属于你的花

南洋杉是 9 月 23 日出生之人的生日花。可以作为礼物送给这一天出生的人。

植物档案

别名鳞叶南洋杉、尖叶南洋杉；为南洋杉科南洋杉属常绿乔木。

植物特征

南洋杉的幼树大枝平展，树冠尖塔形；老树则成平顶状，树枝轮生下垂。主干直立，侧枝平展，分层清晰，成金字塔形。叶互生，覆瓦状排列，呈针形或广披针形，坚硬，叶长 1.5 厘米左右，亮绿色。

如何选购健康植株

宜选择树干直立，侧枝平展，分层清晰的植株。

如何养好你的花

水：喜湿润环境，保持盆土湿润，但不能有积水。夏季可适当多浇水，雨天需防雨淋。冬季要控制浇水，以防水多烂根。

光：喜光，惧强光，夏季应遮蔽阳光，以免灼伤叶片。冬季在室内应放置于光照充足处。

温度：喜温暖环境，冬季室温应不低于10℃，最好保持在15～25℃之间。夏季高温季节应经常喷水增湿降温。

土：喜微酸性且通透性较好的沙质土壤，可用腐叶土、田园土、细河沙按5:3:2的比例混合，经消毒后使用。

肥：可在其生长期每月施一次以磷、钾肥为主的稀液肥。如过多施用氮肥易使植株长高，不利于观赏和在室内摆放。

繁殖：采用扦插、播种法进行繁殖。

植物密码惊奇发现

1. 南洋杉含有挥发性油类，具有显著的杀菌功能，能有效过滤有害气体。

2. 南洋杉是观叶植物中的极品，可装饰家居的客厅等面积较大的居室，有清新雅致的装饰效果。也可用于布置各种形式的会场、展览厅；还可作为馈赠亲朋好友开业、乔迁之喜的礼物。

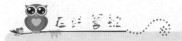

南洋杉落叶了还能长出新叶来吗？

南洋杉是常绿树种，如果是大规模落叶可能是因为养分不足、浇水过多所致，如果养护得当应该还可以长出新叶来。

第五章 给阳光就灿烂的喜光植物

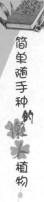

麒麟掌

领养属于你的花

麒麟掌是水瓶座的守护花。

植物档案

别名麒麟角、玉麒麟；为大戟科大戟属，霸王鞭的变种。

植物特征

麒麟掌的变态茎初期为绿色，而后渐渐木质化转变为黄褐色，呈大山药状，枝较粗，枝上密生瘤状小突起。茎顶及周围密生倒卵形的叶片，全缘。麒麟掌由于形状奇特，四季常青，是较好的室内观赏花卉。

如何选购健康植株

宜选择茎枝粗壮、尖刺排列紧密、外形美观、有力量感的植株。

如何养好你的花

水：麒麟掌较耐旱，平时浇水应掌握"宁干勿湿"的原则。不宜浇水过多，因为浇水过多容易导致根系窒息而死。

光：喜光，生长期要保证有充足的阳光。冬季应将植株放置在阳光充足的地方，否则会导致叶片发黄脱落。

土：盆土可用腐叶土、煤球渣、园土各1／3混合配制而成即可。

温度：麒麟掌不耐寒。一般在霜降前就应入室。

肥：麒麟掌不太喜欢肥，供肥掌握"宁少勿多，宁淡勿浓"的原则。

繁殖：多采用扦插法进行繁殖，可在5~6月进行。

植物密码惊奇发现

1.麒麟掌具有极高的观赏价值，其形态奇特，青翠欲滴，可用于装饰书房、客厅等处，给人一种生机勃勃的感觉。

2.麒麟掌能吸收甲醛、乙醚等装修产生的有毒、有害气体，亦能吸收电脑辐射。

在线答疑

麒麟掌块茎烂了，怎么办？

把烂掉的部分用刀去掉，用纸把水分吸干再抹上多菌灵就行了。

第五章 给阳光就灿烂的喜光植物

千年木

领养属于你的花

千年木是巨蟹座的守护花。千年木恬静的色彩，为巨蟹座带来舒适、满足的感官享受。

植物档案

又名香龙血树、马尾铁；属于龙舌兰科常绿灌木或小乔木。

植物特征

千年木的茎干圆直，单干直立，分枝少。它的叶片细长，新叶向上伸长，老叶垂悬。叶片中间是绿色，边缘有紫红色条纹。叶在茎顶呈两列旋转聚生，剑形或阔披针形，长 30~50 厘米，绿色或带紫红、粉红等彩色条纹，革质，叶脉显著。

如何选购健康植株

宜选择叶脉明显，茎叶茂盛的植株。

如何养好你的花

水:适合种植在半阴处,保持盆土湿润,经常施肥。适宜温度为16~24℃,7天浇水一次。

光:对光照的适应性较强,在阳光充足或半阴的情况下,茎、叶均能正常生长发育,生性喜高温、潮湿,也耐旱、耐阴。

土:以肥沃、疏松和排水性良好的沙质土壤为宜。

繁殖:一般用扦插法。将茎切成3~4厘米的段,带少量的切片,插在准备好的已消毒灭菌的介质中,夏秋两季均可扦插。

植物密码惊奇发现

1. 千年木富有魅力的外形,对昏暗干燥的环境适应能力强。只要对它稍加关心,它就能长时间生长,并带来优质的空气。

2. 在抑制有害物质方面,其他植物很难与千年木相提并论。千年木的叶片与根部能吸收二甲苯、甲苯、三氯乙烯、苯和甲醛,并将其分解为无毒物质。

3. 千年木非常适合摆放在办公室里。三色千年木的叶片要比七彩千年木稍宽一些,可做小型或中型盆栽,是室内、桌案、窗台上摆设的观叶佳品。

千年木掉叶子是什么原因?

可能是浇水太勤的原因。浇水太勤会出现根系腐烂而导致叶片脱落。

第五章 给阳光就灿烂的喜光植物

散尾葵

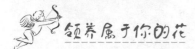

领养属于你的花

高贵、优雅、有品位的人适合领养的花。

植物档案

别名黄椰子、凤尾竹；为棕榈科散尾葵属常绿灌木或小乔木。

植物特征

散尾葵的茎干光滑，呈黄绿色。叶痕明显，似竹节。羽状复叶，平滑细长，叶柄尾部稍弯曲，叶面光润呈亮绿色，小叶线形或披针形。其花小并连成串，花色为金黄色，花期在 3~4 月。

如何选购健康植株

宜选择茎干光滑，叶痕明显，叶面光滑呈亮绿色的植株。

在线答疑

我的散尾葵怎么分株后就死了？

散尾葵移植后要加强空气湿度，并遮半阴，否则会因蒸腾量大，根系水分输送不及时而导致脱水干枯。温度最好控制在 25℃ 左右。

如何养好你的花

水：干燥炎热的季节适当多浇水，低温阴雨季节则应控制浇水量。经常给其喷水不仅可以保持叶色葱绿，还能清洁叶面的气孔。

光：散尾葵是喜光植物，需要充足的阳光，但也怕强光暴晒，严重时会灼伤叶片。在冬季时，必须保证室内温度在10℃以上。

土：对土壤要求不严格，但以疏松并含腐殖质丰富的土壤为宜。

繁殖：采用播种、分株的方法均可。一般盆栽多采用分株法繁殖。

植物密码惊奇发现

1. 散尾葵每天可以蒸发1升水，是最好的天然"加湿器"。比较适合春秋季节放在干燥的房间里。

2. 散尾葵绿色的叶子对二甲苯和甲醛有十分有效的净化作用。

3. 散尾葵植株高大，叶片披垂碧绿，盆栽布置会场、厅堂，格外气派。

第五章　给阳光就灿烂的喜光植物

苏铁

 领养属于你的花

苏铁有步步高升的寓意,适合作为礼物送给朋友。

植物档案

别名铁树、凤尾蕉;是苏铁科苏铁属常绿乔木,为世界上少有的最古老的观赏常绿乔木。

植物特征

苏铁为大型羽状复叶,不分枝,小叶呈线形,边缘内卷,浓绿色,有光泽。苏铁初开花时为淡黄色,成熟后变成褐色。雌花较大,生有掌状鳞片,形状为扁平圆柱体,花期在7~8月。

如何选购健康植株

宜选择茎干粗壮,叶片碧绿、油亮的植株。

如何养好你的花

苏铁生长缓慢，寿命较长，可达200年以上。

水：苏铁喜欢温暖、湿润的环境，要保持盆土湿润，但不要积水。盛夏时每天浇一次水，其他季节要减少浇水量，冬天5~6天浇一次水即可。

光：喜欢阳光，也耐半阴的环境，放在明亮的散射光下比较合适。

土：用腐叶土4份、园土3份、骨粉1份、河沙2份、锈铁屑200克混合配制成的培养土栽培，保证排水性好。

肥：夏季可施稀释的液肥数次，并加入硫酸亚铁溶液，能使叶色更加浓绿。

繁殖：常用分株法繁殖。

植物密码惊奇发现

1. 苏铁可以有效吸收苯和苯的有机物，新家具、新装修的房屋中，甚至吸烟产生的烟雾中都含有苯，据测试，苏铁一天可以去除香烟、人造纤维中释放的80%的苯。有烟民的家庭一定要摆放苏铁。

2. 苏铁具有很高的食用、药用价值。茎内富含淀粉，可供食用；种子可供药用，能治疗痢疾，有止咳、止血之功效；叶有止血之功效；花为镇咳、镇痛药；根可用来滋养身体，还有抗癌的作用。

3. 另外，苏铁的叶子还可做切花，配置花篮或插花，能够美化环境。

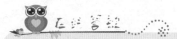

苏铁叶子变黄了怎么办？

可能是长期缺乏光照的原因。苏铁在冬季应放在光照充足处，如果长期没有光照，叶子就会枯黄。所以应适当增加光照，并修剪掉所有的黄叶，浇灌些肥水。

第五章　给阳光就灿烂的喜光植物

万寿菊

领养属于你的花

万寿菊的花语是我偷偷地爱着你，暗恋中的人可以领养这种花。

植物档案

别名臭芙蓉、蜂窝菊、臭菊、千寿菊；为菊科万寿菊属一年生草本植物。

植物特征

万寿菊茎直立，粗壮，多分枝。叶对生或互生，羽状全裂。裂片呈披针形或长矩圆形，有锯齿，叶缘背面有油腺点，闻上去有强烈的臭味。花为舌状，有长爪，边缘皱曲。花期在6~10月。花色以金黄色为基调，花有双瓣和单瓣之分。

如何选购健康植株

宜选择花朵大而密，颜色鲜艳的植株。

如何养好你的花

水：喜湿又耐干旱，但夏季如果水分过多，茎叶生长旺盛，会影响株形和开花。高温期栽培万寿菊要严格控制水分，以稍干为好。

光：喜欢生长在阳光充足的环境中，几乎所有土地均可培植，耐寒性好，不耐高温酷暑。

土：对土壤要求不高，以肥沃、排水性良好的沙质土壤为佳。

繁殖：常用播种、扦插和组培法繁殖。耐移栽，兼具观赏性和实用性。

植物密码惊奇发现

1. 万寿菊的花和叶均可入药，有清热化痰、补血通经的功效。家庭可用干花泡茶饮用。

2. 万寿菊还是一种价值极高的中药材。万寿菊含有丰富的叶黄素，叶黄素是一种优良的抗氧化剂，具有稳定性强、无毒副作用、安全性较高的特点。叶黄素是一种广泛存在于蔬菜、花卉、水果与某些藻类生物中的天然色素，作为食品添加剂，能够抵御游离基在人体内造成的细胞与器官损伤，从而防止机体衰老引发的心血管硬化、冠心病和肿瘤等。

3. 万寿菊能充分吸收空气中的二氧化硫、氯气、氟化氢等有害气体，给我们带来清新宜人的空气，很适合放在家里，既能欣赏又有利于健康。

把万寿菊放在阳光直射的地方养，可以吗？

可以。万寿菊喜光照充足的环境，光照是它开花的重要条件。在栽培过程中，应该保证植株每天接受不少于 4 小时的直射光。在全日照的条件下，万寿菊的生长更为茁壮。环境荫蔽，则植株生长缓慢，分枝较少。

第五章 给阳光就灿烂的喜光植物

夏威夷椰子

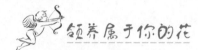

领养属于你的花

夏威夷椰子的花语是开朗、热情奔放,适合性格外向、率真、好奇心强的人领养。

植物档案

别名竹节椰子、雪佛里椰子、竹茎玲珑椰子;为棕榈科丛生常绿灌木。

植物特征

夏威夷椰子茎干直立,株高1~3米。茎节短,中空,从地下匍匐茎发新芽而抽长新枝,呈丛生状生长,不分枝。其枝叶挺拔,不向四周伸展,小叶宽大,在室内光线下可以很好地生长。花色为粉红色,浆果紫红色。开花结果期可长达2~3个月。

如何选购健康植株

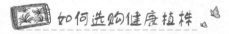

宜选择茎节短,中空,不分枝的植株。

如何养好你的花

水：生长期要经常保持盆土湿润，空气干燥时要经常向叶面喷水，以提高空气湿度。秋末及冬季应适当减少浇水量，保持盆土湿润不干即可。

光：夏威夷椰子生长要求有较明亮的散射光，要避免强光直射，否则叶色易变淡或发黄。

温度：夏威夷椰子有较强的耐寒性。虽然夏威夷椰子生长适温为 20~30℃ ，但它短时间内可耐 0℃低温。

肥：夏威夷椰子对肥料要求不严，盆栽宜用疏松、通气、透水性良好、富含腐殖质的基质。

植物密码惊奇发现

1. 夏威夷椰子适合摆放在宽敞的空间里。夏威夷椰子不向外生长，给人以刚直、挺拔的感觉，是竹制或木制家具最好的搭档。

2. 夏威夷椰子耐阴性极强，很适合室内栽培观赏，可用于客厅、书房、会议室、办公室等处的绿化装饰。

3. 夏威夷椰子去除苯、三氯乙烯、甲醛等有毒气体的能力很强，是净化室内空气比较理想的植物。

夏威夷椰子的叶子发黄、掉叶是什么原因？

夏威夷椰子在空气湿度 50%左右都不会黄叶、落叶，但湿度在 90%以上时，如果没有良好的通风条件，再加上较高的温度，则很容易导致黄叶、落叶。

第五章 给阳光就灿烂的喜光植物

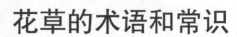

花草的术语和常识

多年生植物

多年生植物是指其寿命超过两年的植物。也就是说，这种植物的地上部分每年可能落叶或死去（常绿植物则可以存活多年），但其地下部分的根、根状茎或鳞茎却可以存活多年。

一年生植物

一年生植物，顾名思义，就是在一年之内完成从发芽、开花、结果到死亡的过程，选择栽种这样的植物，会有种庄稼的感觉，也蛮有乐趣的。

草本植物

草本植物主要是从植物的茎上做文章的，这类植物的茎一般较柔软，有的还没有茎，植株很矮小，如果你想知道哪种植物是草本的，从这方面判断就行了。

木本植物

木本植物是相对于草本植物来说的，木与树相连，所以能长成树形的植物就是木本植物。按科学的方式说就是这类植物的木质化程度较高，茎细胞内有较多的木质化细胞。

小乔木

先说乔木，乔木一般主干明显而直立，有分枝，一般比较高大，比如杨树、松树都是乔木。小乔木就是乔木的缩小版，有乔木的所有特点，只是矮小一点儿。

小灌木

也是先说灌木，灌木是无明显主干的木本植物，植株一般较矮小，枝干丛生。小灌木比灌木低矮，一般家庭栽养的迎春、木槿等都是矮化了的灌木，即小灌木。

宿根植物

宿根植物是指以地下部分度过不良季节的多年生草本植物。外界条件改变（如气温下降）至一定程度时，茎叶枯萎，而地下部分能继续生长，待外界条件适宜时，再萌芽生长。芍药、秋海棠、君子兰等都是宿根植物。

互 生

互生是针对叶子的生长次序而说的，指的是植物的每个茎节上只生一枚叶子，并且交互生长呈螺旋状。这样的植物很多，有吊竹梅、美人蕉等等。

叶 鞘

鞘就是为刀剑量身定做的套子，形状不说大家也知道了，叶柄呈鞘状包在茎节处，这部分的叶柄或叶片基部我们就叫它叶鞘。一般的草本、禾本科植物都有叶鞘。

复 叶

通俗点儿说复叶是指在一片大叶子上又生有若干小叶的叶片，每片小叶都有自己的特征，按形状来说有手掌状的、羽毛状的、三叶同生的等等。

全 缘

全缘用在植物上是指植物的叶片边缘是光滑的，相对的就是有锯齿或有开裂的叶片。叶片为全缘的植物有橡皮树、吊竹梅等等。

鳞 茎

应该明确的是，鳞茎首先是地下茎，短缩成盘状，上面密生鳞叶和芽。鳞茎的形成原因是叶和茎为适应不良的环境而发生了变态，这种植物有百合、水仙等。

叶 腋

植物叶片底部（基部）与茎的交角处朝向内侧的部分称叶腋，一般叶腋是生长分枝的部位。

附录 室内不宜摆放的
15 种植物

滴水观音

植物档案

又名滴水莲;为天南星科海芋属植物。

植物特征

茎:茎直立,平滑有光泽,绿色。

叶:单叶,茎干顶生,叶片大而厚,翠绿色,平滑有光泽。

花:花顶生,白黄色,一般冬春季开花,休眠花期从 11 月至第二年 5 月,2~4月为盛花期。

室内危害

1. 要提醒大家的是,滴水观音茎内的白色汁液有毒,滴下的水也是有毒的,误碰或误食其汁液,会引起咽部和口部的不适,胃里有灼痛感。皮肤接触它的汁液还会瘙痒或产生强烈刺激感,眼睛接触汁液可引起严重的结膜炎,甚至失明。

2. 误吃茎叶会有恶心、疼痛的症状,严重的还会窒息,导致心脏麻痹而死亡。

郁金香

植物档案

别名洋荷花、草麝香；为百合科多年生草本植物。

植物特征

茎：鳞茎卵圆形，长约2厘米，外被淡黄色纤维状皮膜。

叶：叶基生，3~4片，带状披针形或卵状披针形，长10~21厘米，宽1~6.5厘米。

花：花梗长35~55厘米；花单生，直立；花瓣大约6片，倒卵形，鲜黄色或紫红色，有黄色条纹和斑点。花期在4月下旬。

室内危害

虽然郁金香的花容端庄，外形典雅，颜色艳丽丰富，异彩纷呈。但是它的花朵中含有一种毒碱，人和动物在这种花丛中待上2~3个小时，就会头昏脑涨，出现中毒症状，严重者还会毛发脱落，所以最好不要养在家里，如果是成束的鲜花，要注意保持室内通风。

花叶万年青

植物档案

别名开喉剑、冬不凋草等；为天南星科花叶万年青属常绿草本植物。

植物特征

茎：根状茎粗短，节处有须根。

叶：叶矩圆披针形，革质，有光泽，叶片上夹有白色或金黄色不规则斑块。

花：穗状花，顶生，花为球状钟形，白绿花，但很少开花，花期在 6~8 月。

果：浆果球形，红色。

室内危害

花叶万年青被中国植物图谱数据库列为毒植物。

1. 花叶万年青含有有毒的酶，其茎叶的汁液对人的皮肤有强烈的刺激性，若婴幼儿误咬一口，会引起咽喉水肿，甚至令声带麻痹失音。

2. 花叶万年青花叶内含有草酸和天门冬素，其枝叶的汁液具有很强的毒性，一旦触及皮肤，奇痒难熬。尤其是它的果实，毒性更大，误食后会引起口腔、咽喉肿痛，甚至伤害声带，故有人称花叶万年青为"哑巴草"，人畜误食还会带来生命危险。

黄花杜鹃

为杜鹃花科杜鹃属植物。

植物特征

茎：幼枝被鳞片，通常疏被细长的硬毛。

叶：叶宽椭圆形、倒卵形或长圆状椭圆形，长 4~9 厘米，宽 2~5 厘米，先端圆或钝，幼叶边缘常有刚毛，叶上面绿色，有光泽，无毛或疏被鳞片，下面苍白色，密被鳞片，鳞片疏而细小，大小不等，金黄色或淡褐色；叶柄长 0.6~1.6 厘米，在两侧常有细长刚毛，有鳞片。

花：短花，顶生；花梗短，粗壮，长 7~20 毫米，密被鳞片，无刚毛；花萼小，碟状，外面密被鳞片，长约 2 毫米，不反折，边缘有流苏状长缘毛；花冠宽钟状，鲜黄色，5 裂，花管外面被鳞片，管内外均被柔毛；花丝下部 1/3~2/3 被毛。花期在 5 月。

室内危害

黄花杜鹃的花朵含有毒素，最好不要触摸和嗅闻。一旦误食，轻者会中毒，出现呕吐、呼吸困难、四肢麻木等症状，重者会引起休克，严重危害人体的健康。

夹竹桃

植物档案

别名柳叶桃、半年红;为夹竹桃科夹竹桃属常绿大灌木。

植物特征

叶:叶 3~4 枚轮生,在枝条下部为对生,窄披针形,全绿,革质,长 11~15 厘米,宽 2~2.5 厘米,下面为浅绿色。

花:夏季开花,花桃红色或白色,呈顶生的聚伞状花序,花萼直立,花冠深红色,芳香,重瓣。

果:果矩圆形,长 10~23 厘米,直径 1.5~2 厘米;种子顶端有黄褐色毛。

室内危害

夹竹桃的花香能使人昏睡、智力降低。其散发出的气味,闻久了会使人昏昏欲睡。接触其分泌的汁液,也容易中毒。所以,家里不宜摆放夹竹桃。

夹竹桃全株有毒,含有多种强心苷,是剧毒物质,对人们的呼吸系统、消化系统危害极大,中毒后会恶心呕吐、腹泻,可致命。入药煎汤或研末,一定要慎用。

接骨木

附录 室内不宜摆放的 15 种植物

植物档案

别名公道老、扦扦活、蓝节朴;为忍冬科接骨木属落叶灌木或小乔木。

植物特征

茎:最高可达 6 米。茎髓心呈淡黄棕色。

叶:叶对生,奇数羽状复叶,小叶 3~11枚,椭圆形或长圆状披针形,长 5~12 厘米,底部常不对称,边缘有锯齿,揉碎后有臭味。

花:6~7 月开花,圆锥状花序顶生,长达 7 厘米;花小,白色或淡黄色;萼筒为杯状,长 1 毫米,萼齿为三角状披针形;花冠辐状,长 2 毫米。

果:浆果状核果近球形,直径 3~5 毫米,红色或黑紫色。

室内危害

接骨木散发出的气味会使人产生恶心、头晕、呕吐、呼吸困难、惊厥的症状,严重时可能会导致死亡。所以,不要把接骨木放在室内观赏,更不要在夜晚放入卧室里。

曼陀罗花

植物档案

别名曼荼罗、满达、曼扎、曼达、山茄子;为茄科曼陀罗属一年生有毒草本植物。

植物特征

茎:植株较矮,一般不超过 70 厘米。

叶:叶宽卵形,先端渐尖,基部为不对称楔形,边缘有不规则波状浅裂,裂片三角形,脉上有疏短柔毛,色暗淡。

花:花萼 5 瓣,呈漏斗状,花大,肥厚多汁;花色为红、黄、白三种;但由于暗界光照不足,其花色较光界浅暗,花香清淡。

果:蒴果直立,卵球形,长 3~4 厘米,表面生有坚硬的针刺,成熟后 4 瓣裂。

品种:有紫花曼陀罗、重瓣曼陀罗、北洋金花。

室内危害

曼陀罗花就像个隐形杀手,千万别把它养在家里。

1. 曼陀罗花全草有毒,以果实特别是种子毒性最大,嫩叶次之。干叶的毒性比鲜叶小。花具有麻醉性。

2. 因其花汁有刺激神经中枢的作用,故吞食可产生兴奋作用,并可能出现幻觉。

3. 若误食曼陀罗花,过量可致神经中枢过度兴奋而突然逆转为抑制作用,使机体机能骤降,严重的可导致死亡。

水 仙

 植物档案

别名玉玲珑、金银台、水仙花、女史花、天葱、雅蒜;为石蒜科水仙属多年生草本植物。

植物特征

茎:地下部分的鳞茎肥大似洋葱,卵形,茎肥大,呈球状,茎基部生有白色肉质根。

叶:外皮棕褐色,有皮膜。叶狭长,带状,二列状着生。

花:花梗中空,扁筒状,通常每球有花梗数枝,多者可达 10 余枝,每枝有花数朵至 10 余朵,组成伞房花序。

品种:有单瓣型、重瓣型。重瓣型,花白色,花被 12 裂,卷成一簇,称为"百叶水仙"或"玉玲珑",花形不如单瓣的美,香气亦较差,是水仙的变种。

室内危害

1. 水仙花美丽雅洁,但其头(鳞茎)内含拉丁可,是有毒物质。水仙的花、枝、叶都有毒。中毒后会发生呕吐、腹痛。

2. 水仙袭人的香气,也会令人的神经系统产生不适,时间一长,特别是在睡眠时吸入其香气,人会头昏。

水仙花虽美,但是美丽不代表健康,家里养它要慎重。

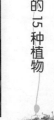

附录 室内不宜摆放的 15 种植物

松柏盆景

植物档案

松柏植物门松柏纲的一目，一般为乔木，少数呈灌木状。

植物特征

枝：枝有长短枝之分，常有尖塔形的树冠。

叶：单叶针状或鳞片状，少数为条形或卵形，螺旋状排列或呈两列状，有时数叶成束，也呈螺旋状排列。叶一般有单脉，无叶隙。

果：多为长椭圆状或球状的球果，单性同株或异株，顶生或腋生。

室内危害

松柏类花木的芳香气味容易让人起过敏反应，而且对人体的肠胃有刺激性，如闻之过久，不仅影响食欲，而且会使人感到心烦意乱、恶心呕吐、头晕目眩。所以喜欢松柏盆景的人要注意了，如果非养不可的话，可以把它放在阳台或家人活动较少的地方，千万不要为了雅兴，放在卧室或书房等经常活动的场所。

五色梅

植物档案

别名马缨丹、臭草;为马鞭草科直立或半藤本小灌木。

植物特征

茎:直立或半藤状,高可达2米,有强烈臭气,全株被短毛,茎枝常有下弯钩刺。

叶:叶对生,卵形或长圆状卵形。

花:花期在5~10月,由多数小花密集成半球形头状花序;花色多变,初开时为黄色或粉红色,继而变为橘黄或橘红色,最后呈红色。同一花序中有红有黄,所以有五色梅、七变花等称呼。它的花含有吸引蝴蝶的物质,所以每当花开时,会有许多蝴蝶翩翩而至。

果:核果球形,肉质,成熟时呈紫黑色。

室内危害

五色梅不适合家庭栽养,因为其花、叶均有毒,误食后会引起腹泻、发烧。尤其不适合有小孩的家庭。

附录·室内不宜摆放的15种植物

洋绣球

植物档案

别名天竺葵；牻牛儿苗科天竺葵属多年生草本花卉。

植物特征

茎：株高 30~60 厘米，茎肉质，全株有细毛和腺毛，有异味。

叶：叶掌状，有长柄，叶缘多锯齿，叶面有较深的环状斑纹。

花：花冠通常 5 瓣，伞状，长在挺直的花梗顶端。由于群花密集如球，故有洋绣球之称。花色红、白、粉、紫，变化很多。花期由初冬开始直至第二年夏初。

品种：有单瓣、重瓣之分，还有叶面有白、黄、紫色斑纹的彩叶品种。

室内危害

洋绣球所散发出来的微粒，如果与人接触，会使人的皮肤发生瘙痒症。对敏感性皮肤会有刺激。它还有紊乱荷尔蒙的副作用，尤其对孕妇危害很大。所以，不要轻易把洋绣球搬回家。

夜来香

植物档案

别名夜兰香、夜香花;为萝摩科夜香树属多年生缠绕藤本植物。

植物特征

茎:小枝披短柔毛,分枝柔弱。

叶:叶对生,卵状长圆形或宽卵形,全缘,基部心形凹陷,叶上有短茸毛,有长柄,质薄,先端有小尖。

花:花簇生,有短柄,生于叶腋,黄绿色,芳香,尤其在夜间香味更浓。花萼5裂,花冠有短筒,花期在5~9月。

果:果狭圆状锥形,渐尖,长7~8厘米。

品种:用来种植或盆栽的有木本夜来香和草本夜来香两种。

室内危害

夜来香有安全隐患,所以忌放在卧室内,最好是不要把它养在家里。

1. 夜来香在夜间停止光合作用后会排出大量废气,这种废气闻起来很香,但对人体健康不利,长时间身处此种气味中,会头晕、胸闷。

2. 夜来香花香浓烈,开花时会释放出生物碱等物质,有高血压、心脏病人的室内尤其不宜摆放这种花。因为夜来香的香气中夹杂着大量散播强烈刺激嗅觉的微粒,闻后会产生憋闷难受的感觉,从而促使病症复发。

3. 如果长期把它放在室内,会引起头昏、咳嗽,甚至气喘、失眠。

附录 室内不宜摆放的15种植物

一品红

植物档案

别名象牙红、老来娇、圣诞花、猩猩木;为大戟科大戟属落叶灌木。

植物特征

茎:茎叶含白色乳汁,茎光滑,嫩枝绿色,老枝深褐色。

叶:单叶互生,卵状椭圆形,有时呈提琴形,顶端靠近花序的叶片呈苞片状,顶部叶片较窄,披针形;叶被有毛,叶质较薄,脉纹明显。

花:开花时全株红色,杯状花,聚伞状排列,顶生;总苞淡绿色,边缘有锯齿及 1~2 枚大而黄色的腺体;雄花有柄,无花被;雌花单生,位于总苞中央;花期在 12 月至第二年 2 月。

品种:有一品白、一品粉、重瓣一品红、垂枝一品红。

室内危害

一品红是色彩、外形兼具的花卉,但花卉专家认为其绝不能在室内摆放,因为一品红会释放对人体有害的有毒物质。一品红的茎、叶内分泌的白色乳汁也有毒,一旦接触到皮肤,会使皮肤产生过敏症状,轻则红肿,重则溃烂;误食茎、叶会呕吐、腹痛,还有中毒死亡的危险。所以,一品红最好不要养在家里,如果家里有小孩子,就更不能养了。

含羞草

植物档案

别名感应草、喝呼草、知羞草、怕丑草；为豆科含羞草属草本植物。

植物特征

茎：高约 40 厘米，分枝多，全株散生倒刺毛和锐刺。

叶：含羞草株形散落，其叶片一碰即闭合；叶为羽状复叶，羽片 2~4 个，掌状排列，小叶 14~48 片，长圆形，长 0.6~1.1 厘米，宽 1.5~2 毫米，边缘及叶脉有刺毛。

花：花为长圆形，2~3 个生于叶腋，淡红色；花萼钟状，有 8 个微小萼齿。花期在 9 月。

果：荚果扁平，长 1.2~2 厘米，宽约 0.4 厘米，边缘有刺毛，有 3~4 荚节，每荚节有 1 颗种子，成熟时脱落。

室内危害

植物与动物不同，没有神经系统，没有肌肉，它不会感知外界的刺激，而含羞草与一般的植物不同，它在受到外界触动时，叶柄下垂，小叶片闭合，此动作被人们理解为"害羞"，故称为含羞草。

含羞草最好不要养在家里，因为这种草含有微量的毒性。含羞草体内的含羞草碱是一种有毒物质，这种毒素接触过多，会引起眉毛稀疏、头发变黄甚至脱落；含羞草碱还会伤害人的皮肤，因此注意不要用手指去拨弄含羞草。

紫荆花

植物档案

别名红花紫荆、洋紫荆、红花羊蹄甲；为豆科常绿中等落叶乔木。

植物特征

叶：叶片心形，圆整而有光泽，长6~14厘米。叶端急尖，叶基为心形，全缘，两面无毛。

花：花紫红色，4~10朵簇生于老枝上，形如蝴蝶。花期在4月，在叶前开放。

果：荚果，长5~14厘米，果实10月成熟。

室内危害

紫荆花的花粉有致敏性，它所散发出来的花粉，如果人接触过久，会诱发哮喘或使咳嗽症状加重。所以，有哮喘病人的家庭千万不要种植。即便没有此类患者的家庭，防患于未然，还是不养它为好。